Burkhard Wollny

Geheimsache Reichsbahn-dampf

»Dampfparadies DDR« – So schön kann Eisenbahnfotographie sein. Eine 01.5 hat mit E 802 Saalfeld verlassen und dampft bei Unterwellenborn bergwärts. Foto: Burkhard Wollny

Burkhard Wollny

Geheimsache Reichsbahndampf

Die Akte »Fotograf«

transpress

Impressum

Einbandgestaltung: Andreas Pflaum
Titelbild: Die Dampflok im Visier: In Ausübung seiner »Spionagetätigkeit« hält der Autor eine vorbeidonnernde 03 im Bild fest. Montage aus Fotos von Burkhard und Robert Wollny.
Rücktitelbild: Wer ist schneller – 95 028 oder der »Trabi« ? Blechhammer, am 16. Juli 1978. Foto: Burkhard Wollny.
Abb. Seite 4/5: Am 21. Februar 1976 zieht 58 1758 mit kraftvollen Auspuffschlägen ihren Güterzug aus dem Bahnhof Lauter/Sachsen in die Morgensonne hinein. Foto: Burkhard Wollny.
Abb. Seite 6/7: »Geheimsache Reichsbahndampf« – Als ob sie den Buchtitel vorausgeahnt hätte, versteckt sich die T 20 hinter den Bäumen im verschneiten Ernstthal am Rennsteig. Foto: Stephan Franz

ISBN: 3-613-71100-1

1. Auflage 1999

Lektorat: Claus-Jürgen Jacobson
Innengestaltung: Viktor Stern
Druck: Rung-Druck, 73033 Göppingen
Bindung: Josef Spinner, 77833 Ottersweier
Printed in Germany

Inhalt

Ernstthal a. Rennsteig

Vorwort

Die Eisenbahnfotografie ist mein Hobby. Mein Archiv umfaßt über hunderttausend Fotos. Sie sind die Quelle zahlreicher Eisenbahnbücher, die ich allein oder mit Freunden verfaßt habe. Aber keines dieser Bücher hat eine nur annähernd so spannende Geschichte, wie das vorliegende.

Als Mitte der 70er Jahre die Dampflokeinsätze bei der Deutschen Bundesbahn rar wurden, mußten wir Dampflokfreunde uns – notgedrungen – anders orientieren. Viele wandten sich daraufhin den Dampfloks im Ausland zu, nicht selten war Übersee das Ziel der Träume. Das schien mir denn doch etwas übertrieben, zumal ich wie viele andere ein besonderes »Faible« für die deutschen Staatsbahn-Lokomotiven hatte. Noch heute ziehe ich eine klassisch rot-schwarze 01 mit Reichsbahn-Beschriftung jeder Privat- oder ausländischen Maschine vor. Doch direkt vor der Haustür, nur ein paar Autostunden von meiner süddeutschen Heimat entfernt, konnte man die rot-schwarzen Schönheiten damals noch tagtäglich im Planeinsatz erleben. Allerdings lag der »Eiserne Vorhang« dazwischen – das Dampfparadies DDR war nicht so einfach zu erforschen wie die Schiefe Ebene oder die Emslandstrecke.

Andererseits, wer einmal vom Bazillus Reichsbahndampf befallen wurde, kam meist nicht mehr von ihm los. 1975 machte ich Bekanntschaft mit den »realsozialistischen« Dampfrössern, und von Stund an schlug mein Fotografenherz für diesen in Europa einzigartigen Bahnbetrieb. Wie viele andere auch wandte ich mich der Deutschen Reichsbahn zu, denn dort war die Dampftraktion noch in ihrer vollen Blüte zu erleben. Der ersten Reise 1975 folgten zahllose weitere in den folgenden zehn Jahren, ehe der Stern der Dampflok auch

auf den Reichsbahngleisen immer mehr erlosch.

Um als Süddeutscher ohne Verwandte in der DDR überhaupt einigermaßen problemlos über die Grenze zu gelangen, bedurfte es eines Kunstgriffes, doch auch danach war die Einreise häufig mit erheblichem Aufwand verbunden. Gleichwohl zog es uns immer wieder in den »Arbeiter- und Bauernstaat«. Und es gelang uns in der ganzen Zeit zwischen 1975 und 1985, unserem Hobby zu frönen, ohne dabei heldenhaftes Verhalten an den Tag zu legen – die vielkolportierte Legende, jeder Eisenbahnfreund aus dem Westen habe bei seinen Streifzügen zur Reichsbahn einen immerwährenden heroischen Kampf mit den Schergen des Systems siegreich geführt, ist eben eine Legende. Wir konnten weitgehend ungestört fotografieren und taten dies auch ausgiebig. Es entstanden tausende Fotos vom Betrieb der Deutschen Reichsbahn in den 70er und 80er Jahren. Eine Auswahl der Besten hat Eingang in dieses Eisenbahnbuch gefunden.

Angesichts der Fülle an Dokumentationen über die Deutsche Reichsbahn könnte die Gefahr bestehen, daß dieses Werk als eines unter vielen sein Dasein fristet. Aber da ist ja noch die aufregende Vorgeschichte, die mit diesem Buch verbunden ist.

Etwa drei Jahre nach der Wende erfuhr ich von meinen Berliner Freunden, daß die meisten von ihnen einen Antrag auf Einsichtnahme in ihre Akten gestellt hatten, die bei dem Bundesbeauftragten für die Unterlagen des Staatssicherheitsdienstes der ehemaligen Deutschen Demokratischen Republik, kurz Gauck-Behörde genannt, geführt wurden. Aufgrund meiner vielen Ausflüge in die DDR war mir klar, daß auch über mich ein paar Blätter existieren mußten, zumal ich in den Jahren 1977–1978 auffällig von Kraftfahrzeugen

verfolgt wurde und mir eigentlich keinen Reim darauf machen konnte.
Im Dezember 1997 konnte schließlich auch ich Einsicht nehmen. An einem trüben Tag saß ich in einem kleinen Raum der Gauck-Behörde. Eine Dame legte einen Aktenstapel von etwa einem halben Meter Höhe auf den Tisch. Ich konnte auf dem Ordner meinen Namen erkennen.
Bei diesem Anblick beschlich mich ein eigenartiges Gefühl: Wie konnten Unbekannte über mich eine Akte führen? Ich habe dann fünf Stunden lang alles durchgearbeitet. Fassungslos las ich die Beobachtungsberichte über Verfolgungsfahrten, Analysen, Entscheidungen von »Organen« usw. Mitunter konnte ich ein Lachen über die »durchgeführten Maßnahmen« nur mühevoll unterdrücken – doch ich blieb ruhig – zumal andere Leser im Raum einen sehr betroffenen Eindruck machten.
Gegen Mittag verließ ich wie benebelt das Gebäude, nicht ohne zuvor unzählige Fotokopien beantragt zu haben. Nach zwei Wochen holte ich die Kopien ab. Und beim näheren Studieren kam mir dann der Gedanke, dieses unglaubliche Material aufzubereiten und im Rahmen einer Bilddokumentation über die Deutsche Reichsbahn zu veröffentlichen.
Über meine Reisen führte ich damals Protokoll, hauptsächlich, um später die Daten zu den Fotografien exakt bestimmen zu können. Eisenbahnfotografien bedürfen genauer Angaben wie Loknummer, Zugnummer, Ort und Zeit. Mit Hilfe der Akte konnte ich meine Unterlagen tatsächlich vervollständigen. Gleichzeitig schlossen sich auch Lücken in meinem Gedächtnis. Andererseits wiesen die Akten Lücken auf. Einige mysteriöse Begebenheiten aus diesen Jahren hatten sich in den Akten nicht niedergeschlagen, sie können wohl nie mehr aufgeklärt werden.
Sie werden sich wahrscheinlich über zahlreiche Textpassagen, die die Bilddokumentation begleiten, wundern. Aber es war tatsächlich so: die Staatssicherheit hat die aus dem Westen kommenden Eisenbahnfreunde auf Schritt und Tritt beobachtet. Wenn man bedenkt, daß nicht nur wir, sondern viele Bürger aus Ost und West beschattet wurden, so muß der Aufwand unvorstellbare Dimensionen erreicht haben. Selbst als klar war, daß wir harmlos waren, wurde munter weiterrecherchiert, so als gelte es, eine Auszeichnung für die 1000ste erfolgreiche Beschattung zu erhalten.
Das System von Spitzel und IM hat bekanntlich vielen Bügern in der früheren DDR Unheil gebracht. Wir hingegen wurden nicht annähernd in derartiger Weise »schikaniert«. Und doch war es uns nach Schluß unserer ersten Reisen so »mulmig«, daß wir die Fahrten in die DDR zunächst einstellten und erst nach einer langen Pause wieder aufnahmen.
Für das vorliegende Buch standen mir insgesamt 400 Seiten aus meiner Akte als Kopie zur Verfügung. (Wie aus dem Beschluß vom 14. 10. 1980 (S. 143) zu entnehmen ist, umfaßt der Gesamtvorgang 5 Akten mit 1230 Blatt.) Hinzu kommen noch weitere 150 Seiten von Freunden aus der Gruppierung »Deckname Fotograf«. Alle Akten abzudrucken, wäre unnötig und würde den Rahmen für dieses Buch auch sprengen. Teilweise wird von Behörde zu Behörde, von Organ zu Organ alles wiederholt und erneut aufgearbeitet. Im Grunde genommen wütete hier ein immenser Papierkrieg.
Ich habe deshalb nur die wichtigsten Abschnitte aus meiner Akte ungekürzt wiedergegeben und sie als Zitat gekennzeichnet. Diverse langatmige Abschnitte habe ich aufs Wesentliche gekürzt. Eine Reihe von Dokumenten haben ich wegen ihrer Wichtigkeit und Aussagekraft als Faksimile wiedergegeben. Die in diesen Abbildungen zum Teil zu erkennenden Schwärzungen einzelner Passagen wurden von der Gauck-Behörde vorgenommen. Die in den Akten genannten Namen der offiziellen Mitarbeiter der Staatssicherheit haben wir unverändert beibehalten. Die richtigen Namen der unter ihrem Decknamen geführten »Inoffizieller Mitarbeiter« (IM) sind mir teilweise bekannt, werden aber in diesem Buch nicht genannt.
Einige Wortschöpfungen in den Aktentexten sind nur in einem DDR-Wörterbuch enthalten und heute, zehn Jahre nach dem Fall der Mauer, nicht mehr allgemein verständlich. Die Abkürzungen habe ich dort, wo sie zum ersten Mal auftauchen, in Klammern erläutert.
Mit Sicherheit wäre dieses Buch nicht zustande gekommen, hätten die »Organe« der Deutschen Demokratischen Republik nicht akribisch genau jeden meiner Schritte aufgezeichnet. Unfreiwillig haben sie mir beim Verfassen des Buches geholfen. Und deshalb gilt mein »besonderer Dank« zahlreichen mir namentlich bekannten hauptamtlichen Stasioffizieren aller Dienstgrade – vom Generaloberst bis zum Oberleutnant – vor allem aus den damaligen Bezirken Potsdam, Leipzig, Gera und Suhl, sowie acht bekannten und allen unbekannten IM's.

Nach diesen mir notwendig erscheinenden Erläuterungen möchte ich Sie, lieber Leser, nicht länger »auf die Folter spannen«. Tauchen Sie mit mir ein in die Welt der Eisenbahnfotografen und Geheimdienste und gehen Sie mit mir zurück in das Jahr 1975.
Ich wünsche Ihnen viel Vergnügen.

Stuttgart, im Januar 1999,
Burkhard Wollny

Begegnungen mit einer Tragikomödie

Gedanken zu den Methoden und zur Sprache der Staatssicherheit

Von Andreas Knipping

Der »Tag des Eisenbahners« war eine der wenigen Gelegenheiten, an denen Eisenbahnfreunde unter den Augen der Staatsorgane nach Herzenslust fotografieren konnten. Am 2. Juni 1979 steht 44 0196 in Saalfeld im Mittelpunkt des Interesses.
Foto: Burkhard Wollny

44 0196-4

Die besondere Qualität des vorliegenden Buches lassen es geraten erscheinen, der chronologischen Darstellung des »Operativen Vorganges Fotograf« einige einleitende Worte über Methodik und Sprache der Sicherheitsorgane der DDR voranzustellen. Einesteils wird damit deutlich, daß es Fotografen nicht erst seit dem Zweiten Weltkrieg und nicht nur im »Ostblock« häufig schwer hatten, andererseits sollen diese Worte eine Hilfestellung geben, die mitunter reichlich »verquasten« Wort- und Textschöpfungen der »Akteure« dem unbedarften Leser einigermaßen verständlich zu machen.
Seit jeher mußten Eisenbahnfreunde erfahren, daß ihre Leidenschaft behördlichen Verdacht weckt. Da glaubten Carabinieri, der bildliche Nachweis des noch existierenden Dampfbetriebs solle die Rückständigkeit ihres Landes anprangern, und da wollten serbische Milizionäre den deutschen Fotografen als separatistischen Attentäter entlarven. In vielen Ländern unterschiedlichster Regierungsform war das Fotografieren von Eisenbahnen jahrzehntelang streng verboten. Schon im »Schweijk« kommt eine Szene vor, wo der unbedarft-schlitzohrige böhmische Soldat im Ersten Weltkrieg verdächtigt wird, Bahnhöfe fotografiert zu haben. Die Erhärtung des Verdachts scheitert schon daran, daß man ihm nicht den Besitz eines »fotografischen Apparats« nachweisen kann. Der Gedanke, daß technische Infrastruktur Staatsgeheimnis ist und nicht abgebildet werden darf, ist älter als die Eisenbahn: Kein geringerer als Goethe wollte in Oberitalien ein paar historische Türme abzeichnen – und bekam es mit den Sicherheitsbehörden zu tun. Es darf daran erinnert werden, daß sich Polizisten der aufgeklärt-rechtsstaatlichen Bundesrepublik in den Zeiten von Kaltem Krieg und Terrorismus lebhaft für Eisenbahnfreunde interessierten und die ganze gefährliche Hilflosigkeit ihrer Ermittlungsarbeit demonstrierten, wenn sie nach den bekannten Mordanschlägen der RAF ausgerechnet denjenigen, der im Emsland Dampfloks oder im Voralpenland Altbauelloks fotografierte, mit vorgehaltener Maschinenpistole kontrollierten.
Jeder Eisenbahnfreund aus West-Deutschland oder West-Berlin, der in den siebziger und achtziger Jahren etwas häufiger in die DDR reiste, um dort fotografierend seinem Hobby nachzugehen, mußte wissen und konnte anhand gewisser Merkwürdigkeiten ahnen, daß irgendwo über ihn Buch geführt wurde. Daß ein für Mißtrauen und Sicherheitswahn bekannter Staat sich für sehr mobile Reisende jüngeren Jahrgangs mit auffällig guter Fotoausrüstung und präzisem Kartenmaterial interessieren mußte, war klar. Zu deutlich unterschied man sich vom typischen Verwandtenbesucher oder vom Pauschaltouristen, der die Gedenkstätten der Klassiker in Weimar und den Dresdner Zwinger besuchte. Es mochten also durchaus irgendwo ein paar dutzend Blätter Papier existieren, auf denen abgehakt war, ob der eine oder andere West-Eisenbahnfan etwa nebenbei die gefürchteten Druckerzeugnisse einschleuste, politische Verbindungen knüpfte, jemals in Sachen Ausreise oder Fluchthilfe aktiv geworden war oder Panzer fotografierte – oder ob es sich lohnte, den einen oder anderen Fan für eigene Zwecke auszuhorchen oder gar anzuwerben.
Selbst Burkhard Wollny, einer der aktivsten Eisenbahnfotografen jener Jahre in beiden Teilen Deutschlands, hatte freilich nicht mit dem Sturzbach von Papier rechnen können, der anläßlich der »Einsichtnahme« über ihn hereinbrach. Ich selbst war, als mein Freund Wollny mich erstmals mit dem ungeheuren Stapel von Fotokopien konfrontierte, schier überfordert. Erst ein gewisser zeitlicher Abstand ließ im Hinterkopf eine Art Koordinatensystem entstehen zur »Bewertung« oder »Würdigung« oder »Strukturierung« dieser Materialfülle, wobei mit all den in Anführungszeichen gesetzten Begriffen den Urhebern von 1230 Seiten Text schon zu viel Ehre zuteil wird, denn wirklicher Wert oder gar Würde und geistige Struktur sind es gerade, die diesem Konvolut in bestürzender Radikalität fehlen.
Ein Koordinatensystem zumindest aus den Dimensionen Ignoranz und Psychose, sprachlich-geistige Verdorrung und unfreiwillige Komik mag neben ein paar historischen Zeilen die *»operativ-zielgerichtete Einschätzung des Vorganges unter Berücksichtigung aller relevanten Aspekte bei konsequenter Anwendung und vollständiger Ausnutzung und unter Gewährleistung optimaler Effizienz ...«* etwas erleichtern.

Unfreiwillige Komik

Das vermeintliche »Ministerium für Staatssicherheit« der DDR (in Wirklichkeit Ministerium gegen die Sicherheit der Staatsbürger) hat, soweit ersichtlich, im vorliegenden Falle immerhin nicht, wie sonst so oft, Menschen in Verzweiflung, Sucht oder Selbstmord getrieben, eingesperrt, gefoltert oder gar ermordet. Es hat nicht Kinder geraubt, Ehen zerstört, Freunde auseinandergebracht oder politische Ideale korrumpiert. Es hat ausnahmsweise nur dem eigenen Staat geschadet und andere Leute nur belästigt.
Deshalb ist es vertretbar, den Vergleich der mühevollen und erfolgreichen Dampflokjagd von Burkhard Wollny mit der mühevollen und erfolglosen Wollnyjagd der »Organe« dem verdienten Gelächter der Öffentlichkeit preiszugeben. Die Schilderungen der Autoverfolgungen erinnern

nun einmal an Krimis mit Heinz Erhardt-Humor; die in langatmigen Schreiben zutagetretende Geistesschärfe der »Genossen von der unsichtbaren Front« erinnert an die Karikierung der Gestapo in amerikanischen Propagandastreifen aus dem Zweiten Weltkrieg.

Freilich hält sich der humoristische Aspekt in Grenzen: Wie stets hat jenes Ministerium mit den knappen Ressourcen seines Staates Raubbau getrieben, tausende von Arbeitsstunden und tausende von Autokilometern sinnlos verbraten, zum Nachteil der Werktätigen, deren Interessen all das vorgeblich dienen sollte. Wie stets hat es unbefugt im Privatleben anderer Leute herumspioniert. Die dennoch unübersehbare unfreiwillige Komik des staatssicherheitlichen Agierens erinnert an die Tragikomik, die das Krankheitsbild der paranoiden Psychose gelegentlich hervorbringt.

Paranoide Psychose, zu deutsch Verfolgungswahn

Der verstorbene Komiker Jürgen von Manger, der in den sechziger Jahren dem Ruhrgebietsplatt zu humoristischer Salonfähigkeit verhalf, produzierte einst einen Fernsehsketch, in dem er – nicht mehr ganz nüchtern – auf einen am Bahnhofsvorplatz lagernden Penner zugeht und diesen aufgrund seines als Funkgerät »enttarnten« Transistorradios zielsicher als »Ostagenten« entlarvt.

»Na klar doch, offiziell sinn se Bahnhofspenner, aber inne Wiaklichkeit, also mir könn se nix vormachen…«

Was bei Jürgen von Manger die Augenblickslaune zwischen viertem und fünftem Pils bleibt, wird bei psychotisch Kranken zum Lebensthema. Das paranoide Wahnsystem – entwickelt als Spätfolge schwerster Ängste und Bedrohungen in der frühesten Kindheit – weist Personen und Institutionen in der Umwelt des Patienten geheimnisvolle und bedrohliche Rollen zu. Der vermeintliche Straßenkehrer vor dem Haus? Ein Polizeispitzel. Der Lebensmittelhändler? Er vergiftet mich systematisch. Der Arzt? Von einer international tätigen Sekte beauftragt, mich mit Medikamenten wehrlos zu machen. Der Journalist, der meine Anklagen nicht in die Zeitung bringt? Ein Werkzeug meiner Feinde. Die Welt wird zum Labyrinth, das Leben des Patienten zum Kampf gegen Windmühlenflügel.

Ganz ähnlich ist das Weltbild einer Institution, die gegründet und berufen ist, alle Folgen der schweren und unheilbaren Geburtslügen und Strukturmängel des eigenen politischen Systems auf das Wirken mächtiger Feinde zurückzuführen und einzelne Schuldige dingfest zu machen. Eine solche staatliche Einrichtung muß darauf fixiert sein, den Kritiker als feindlichen Provokateur, den politischen Gegner als gemeinen Kriminellen, den gemeinen Kriminellen als Erfüllungsgehilfen ausländischer Sabotagezentralen – und den Eisenbahnfreund als Militärspion – zu »entlarven«. Sie bemüht sich mit der düsteren Erfolglosigkeit einer Romanfigur von Franz Kafka, die Realität hinter der Realität zu entdecken, jeder Offensichtlichkeit zu mißtrauen, um endlich eine ganz andere dämonische Wahr*heit* hinter der Wahr*nehmung* zu entdecken – die sie aber eigentlich längst zu kennen glaubt. Dies setzt nicht etwa voraus, daß der einzelne Bedienstete des Apparats psychotisch erkrankt ist. Die kollektive Psychose entwickelt sich unabhängig vom Seelenzustand des Individuums. Mehr noch, die Teilnahme am gemeinschaftlichen Irrsinn kann das spießig-normale Privatleben von allzu viel Angst und Aggression entlasten, womit übrigens eines der Wirkungsprinzipien totalitärer Systeme generell genannt ist.

Von Stalin zu Mielke

Die Wurzeln geheimdienstlicher Allmacht und paranoider Phantasie der Organe im spätstalinistischen Sozialismus reichen zurück in die Sowjetunion der dreißiger Jahre. Um die ganze Macht in den Händen Stalins und eines ihm bedingungslos gehorchenden Apparates zu vereinen, mußten restliche politische Gegner, vor allem aber die noch vorhandenen Elemente bäuerlicher Selbstständigkeit und schließlich gar die regierende Kommunistische Partei, die Bruderparteien in aller Welt und die Rote Armee demoralisiert und enthauptet werden. Millionen wurden vor die Erschießungskommandos und in die Straflager gebracht. Zur fadenscheinigen Rechtfertigung des Terrors wurde in den Schauprozessen und den gleichzeitigen Pressekampagnen das Vokabular psychotisch anmutender Willkür formuliert. In jener Zeit entstanden Worthülsen wie »faschistischer Agent«, »imperialistischer Spion«, »Trotzkist«, »konterrevolutionärer Verschwörer« und »bezahlter Saboteur«, mit denen wahllos der aus Nazideutschland geflohene Kommunist, der avantgardistische Künstler, der mit Verwandten in den USA korrespondierende Jude, der General der Roten Armee, der mit einem aussichtlosen Bauprojekt in Planverzug geratene Ingenieur oder der verdächtig populäre örtliche Parteifunktionär gebrandmarkt und aus der Gesellschaft ausgestoßen werden konnten.

Immerhin: Die Propaganda bemühte sich redlich um eine gewisse innere Logik und Plausibilität der Verschwörungstheorien. Die Überlieferung ist durchaus glaubhaft, daß ein großer Teil etwa der einfachen Parteimitglieder – von allen Medien der Welt abgeschottet und über viele Jahre hinweg kontinuierlich indoktriniert – einen großen Teil der verbalen Konstruktionen für wahr hielt. Dies markiert einen wesentlichen

»Aufbau des Sozialismus in Anlehnung an die Sowjetunion« - Parolen gehörten zum Reichsbahnland wie die Fähnchen und die Dampfloks. 65 1042, eine Reichsbahn-Neubaulok, im Jahr 1976.
Foto: Karsten Risch

Unterschied zu der »subjektiven Seite« des nationalsozialistischen Judenmords: Nur ein sehr kleiner Teil der deutschen Mörder – vermutlich gehörte Hitler selbst dazu – *glaubte* jemals, daß die Juden Feinde des deutschen Volkes oder des Nationalsozialismus seien und daß sich daraus eine auch noch so gewagte »Rechtfertigung« für ihre Tat ergeben könnte.

Als der Stalinismus in einem Teil Deutschlands zur Macht gelangte, hatte er seine mörderischste Phase bereits hinter sich. Die Funktion der unverändert übernommenen Verfolgungs- und Verschwörungstheorien wandelte sich allmählich. Der SED ging es nach Abschluß der »Säuberungen« und Schauprozesse in den fünfziger Jahren nicht mehr darum, die physische Liquidierung oder massenhafte Inhaftierung ihrer Gegner zu legitimieren, sondern die Lebenslüge ihrer Herrschaft abzusichern. Die Macht der SED und die Existenz der DDR wurden ja mit der Fiktion gerechtfertigt, das deutsche Volk in der sowjetischen Zone Deutschlands habe sich nach der Lektion des Faschismus in freier Selbstbestimmung für den Aufbau des Sozialismus in enger Anlehnung an die Sowjetunion entschieden. Wenn dieses Projekt nun ökonomisch Jahr um Jahr weiter kränkelte und wenn bis zum Mauerbau Millionen Arbeiter und Bauern zum konkurrierenden System überliefen, dann mußte wieder und wieder das Wirken von »Agenten« und »Saboteuren«, »Abwerbezentralen« und »imperialistischen Geheimdiensten« bemüht werden. All dies gab es im kalten Krieg auch durchaus. Nur waren amerikanische Spione und antikommunistische Flugblätter aus Westdeutschland nicht wirklich geeignet, die politische, mentale und ökonomische Entwicklung in der DDR nennenswert zu beeinflussen. Die weitgehende Wirkungslosigkeit geheimdienstlicher Feindzersetzungsstrategien kannte niemand besser als die DDR-Führung selbst: Das Wirken ihrer ungleich zahlreicheren Agenten im Westen blieb fast völlig ohne Einfluß auf die Entwicklung des Konkurrenzsystems.

In den sechziger Jahren gerieten Personalstärke und Ermittlungsintensität der Organe des »MfS« immer mehr außer Verhältnis zur Zahl der tatsächlich aufgespürten und bestraften Staatsfeinde. Die nach internationaler Anerkennung strebende Staatsführung wollte sich international immer weniger mit der Einsperrung einer Heerschar von politischen Häftlingen diskreditieren, zumal es ja ab August 1961 aus der DDR ohnehin fast kein Entrinnen gab.

Die Tschekisten und die Eisenbahnfreunde

Als Walter Ulbricht 1971 entmachtet wurde und Erich Honecker die DDR in ein System deutsch-deutscher und internationaler Verträge führte, war der Traum des »ewigen«, nämlich schon seit 1953 als Staatssekretär und seit 1957 als Chef der Staatssicherheit amtierenden Erich Mielke von einer endlichen großen Säuberung nach Stalinschem Vorbild ausgeträumt. Im vertrauten Kreise beschwor er zwar die Identität von sich und seinesgleichen als »alte Tschekisten«, doch die blutige Spur der schon 1922 umbenannten »Tscheka«, des ersten Geheimdienstes der Sowjetunion, durfte er nicht fortsetzen. Die weiter ausufernde Sammelei von Fakten und Gerüchten durch seine Behörde diente immer weniger der Ergreifung und Bestrafung von Gegnern, sondern wurde selbst zu einer Hauptform staatlicher Repression. Rationale Kontrolle des Vorgehens anhand irgendwelcher Ziele ging verloren. So nahmen Mielkes Getreue nicht nur alle gestammelten Dankesworte des greisen Ministers bei den wiederkehrenden Ordensverleihungen mit versteckter Kamera auf, sondern sie füllten auch Kilometer von Film mit den über die Mauer geschossenen Fotos der durch den Reichstag geschleusten Besuchergruppen. In beiden Fällen hätte doch die Frage auf der Hand gelegen, was man mit solcher Dokumentation jemals würde »beweisen« wollen.

Die westlichen Eisenbahnfreunde der siebziger Jahre waren weder Helden noch Hasardeure. Ihr zunehmend mutigeres Auftreten in der DDR beruhte auf der Erfahrung eines kalkulierbaren und begrenzten Risikos. Im Gegensatz zu den fünfziger und frühen sechziger Jahren wußte man, daß längere Inhaftierungen oder die in den ersten Nachkriegsjahren buchstäblich mögliche Verschleppung »nach Sibirien« nicht zu erwarten waren. Im Zeitalter der Vertragspolitik und der geordneten Beziehungen zwischen den beiden deutschen Staaten und der wachsenden finanziellen Abhängigkeit der DDR von der Bundesrepublik durfte man darauf vertrauen, daß im Ernstfall einer Freiheitsentziehung sehr schnell höheren Ortes interveniert werden würde. So blieb es denn, lästig und oftmals durchaus pulserhöhend genug, bei der unendlichen Folge von Belehrungen, Befragungen und Diskussionen mit untergeordneten Chargen von Reichsbahn und Transportpolizei und bei den erkennbaren Zeichen von Überwachung und Buchführung. Die Hobbyfotografen waren sich über die Machtverhältnisse durchaus im Klaren: Selbstverständlich hätte ein Federstrich der Sicherheitsbehörden genügt, um einen harten Kern von Fotografen für Jahre von der Einreise auszuschließen oder mittels konsequenter Wegnahme der Filme bei der Ausreise alle Aktivitäten zum Erliegen zu bringen. Dies geschah nicht. Vielmehr konnte man den Eindruck gewinnen, daß irgendeine Instanz in der DDR in einer gewissen Weisheit erkannt hatte, daß die Eisenbahnfreunde keine Staatsfeinde, sondern Devisenbringer seien. Es schien eine Richtlinie zu geben, diese Personen gewähren zu lassen.

Dieser Erkenntnis widerspricht es nicht, daß das MfS dem fraglichen Personenkreis eine grotesk übersteigerte Aufmerksamkeit widmete. Es war ja auch nicht verboten, moderne Poesie zu verfassen, den Kriegsdienst zu verweigern, grenzüberschreitend Briefmarken zu tauschen, an die Zerstörung Dresdens zu erinnern, für die Rechte von Homosexuellen einzutreten, Rosa Luxemburg zu zitieren, sich für den Umweltschutz zu engagieren oder die staatlichen Abrüstungsparolen ernstzunehmen. Und dennoch wurden solche Aktivitäten mit wahnhafter Präzision und unvorstellbarem Aufwand beobachtet und erfaßt, von sturen Betonköpfen, denen alles verdächtig sein mußte, was in ihrem engen Horizont nicht Platz hatte, von reduzierten Persönlichkeiten, die vom Privatleben ihrer Mitmenschen alles, zugleich aber von der Welt und vom Leben nichts wußten.

Ignoranz

Es ist wahre Ironie der Geschichte, daß eine Truppe, die über die Trinkgewohnheiten und die sexuellen Vorlieben von Millionen Menschen zu Hause und jenseits der Grenzen Buch führte, die Grafikmappen, Liebesbriefe, Gedichtbände und Tagebücher kopierte, menschliche Geruchsproben sammelte, Akten über Nazi-Kriegsverbrecher hortete, mit Palästinensern genauso wie mit südamerikanischen Guerilleros konspirierte, Spitzel bei der CSU genauso wie bei der NATO in ihren Diensten hatte, dennoch ihrer Partei und ihrer Regierung nichts über den Lauf der Welt mitteilen konnte und selbst nichts wußte über Leben, Mensch, Gesellschaft, Politik, Recht oder Freiheit.

Da war dieses Ministerium nun also damit konfrontiert, daß eine gewisse Zahl jüngerer Männer mit größter Systematik Eisenbahnen fotografierte. Eigentlich hätten die Studien der »Organe« im eigenen Lande und anderswo doch längst zu der Erkenntnis führen können, daß Lebenssituation und Lebensgefühl des modernen Menschen u.a. zur Ausprägung extremer Freizeitbeschäftigungen führen, daß da, koste es was es wolle, Gletscherspalten und Unterwasserhöhlen erkundet, Limousinen der zwanziger Jahre restauriert, Porzellan und Blechspielzeug gesammelt – und eben auch mit radikalem Eifer Dampflokomotiven in aller Welt fotografiert werden, und dies alles ohne unmittelbar berufliche, kommerzielle oder sonst ökonomisch eigennützige Motivation.

Doch all das war dem von der SED gepflegten Menschenbild vom Werktätigen im Plattenbau mit genormtem Familienleben, genormten Konsumgewohnheiten, genormten Hobbys und genormten Reisezielen nur verdächtig.

So gab es für die Einschätzung eines auffällig aktiven Fotografen (genauso übrigens wie für die des kritischen Marxisten oder des politisierenden Pfarrers!) nur die verstaubte Rubrik des »Militärspions«. Schweijk und Jürgen von Manger lassen grüßen. »Na klar, offiziell sind Sie Eisenbahnfreund, aber…!!!«. Gerade die nachrichtendienstlichen Spezialisten hätten doch wissen müssen, daß die Westmächte in den breiten Luftkorridoren nach Berlin jederzeit präzise Luftaufnahmen von der Infrastruktur der DDR fertigen konnten, daß im Zeitalter der Satellitenfotografie keine Tankstelle und kein Panzer ge-

»Auffällig aktive Fotografen« – Die Grundlage der Erfolge vor Augen, beobachtet der Fotograf am 2. Juni 1979 in Saalfeld den Autor beim Entrümpeln.
Foto: Karsten Risch

heim bleiben, daß die Angehörigen der westlichen Militärmissionen kraft Alliiertem Nachkriegsrecht ständig die DDR abfuhren und daß akkreditierte Journalisten und Fernsehteams aus dem Westen das Land ganz offiziell bereisten.

Man mußte wohl *Geheimagent* sein, um zu glauben, daß die »US-Kriegstreiber« oder die »Bonner Imperialisten« ausgerechnet mit Kameras behängte junge Herren als *Geheimagenten* über die Grenze schicken mit der genialen Instruktion, Militäranlagen immer genau dann zu fotografieren, wenn ganz zufällig eine Dampflokomotive daran vorbeifährt.

Man mußte wohl auch der weitaus größte Abnehmer von im eigenen Lande hergestellten und kostspielig importierten Spiegelreflexkameras sein, um mittels eines seitenlangen Gutachtens klären zu lassen, ob man mit einer modernen handelsüblichen Spiegelreflexkamera eigentlich auch bei schlechtem Wetter oder hundert Meter in die Ferne fotografieren kann. Das Wetter! Selbstverständlich waren weitere seitenlange Erhebungen nötig, um festzustellen, wann und wo über dem Arbeiter- und Bauernstaat welches Wetter geherrscht hat.

Ausgerechnet die Kenner der militärischen Infrastruktur benötigten dann wiederum ein Gutachten, um zu der Erkenntnis zu gelangen, daß eine riesige Zahl militärisch mehr oder weniger bedeutsamer Einrichtungen recht nah an den Strecken des engmaschigen Eisenbahnnetzes der DDR gelegen war. Ob man im Laufe der Jahre nahe daran war, von der Erfindung des Anschlußgleises Kenntnis zu erlangen, ist unbekannt.

Dann waren natürlich die bekanntgewordenen Zahlen von Eisenbahnfreunden in West und Ost zu erheben. Und gab es doch tatsächlich in eigenen Akten und denen der vom selben dürren Geiste beseelten Dienste in den »Bruderländern« wirklich schon einmal Vermutungen, daß irgendwelche Eisenbahnfreunde mit Nachrichtendiensten Kontakt gehabt hatten! Ausgerechnet der Altmeister der deutschen Eisenbahnfotografie Carl Bellingrodt mußte da zitiert werden. Er hatte ja auch als wirklich mit allen Wassern gewaschener Spion in den fünfziger Jahren im Wohnzimmer zu Wuppertal aus Tageszeitungen grobgerasterte sowjetische Lokomotiven herausfotografiert!

So tasteten sich die blinden Kolonnen geduldig durch den Garten der Erkenntnis und stießen an jeden einzelnen Baum. Jede neue Tatsache konnte sie in neue Verwirrung stürzen. Da wurde doch nun *auch* ein Triebwagen fotografiert! Da wurde doch nun einmal eine Dampflok *nicht* fotografiert!

Man kann die Organe fast dazu beglückwünschen, daß sie offenbar nicht gemerkt haben, daß die Eisenbahnfotografen auch Bier trinken, in der Sonne sitzen, Frauen lieben, Zeitungen lesen, Kleinbackwaren verzehren, über Politik und Psychologie sprechen, Auto-Oldtimer fotografieren und Mittagsschläfe machen. Hätte die Reisetätigkeit der unter »Objekt Fotograf« erfaßten Männer länger angehalten, hätte man sicher bis 1989 gebraucht, um den imperialistischen Hintergrund all dieser raffinierten Verhaltensweisen aufzudecken.

Bis 1989. Da fand die Ignoranz der allwissenden Nichtswisser ein jähes Ende. Da wurden diejenigen zehn Prozent, die einige Jahrzehnte lang böse und tückische Feinde gesucht hatten, von neunzig Prozent ganz friedlichen Leuten entmachtet.

Die Verdorrung von Geist und Sprache

»Mit der Anlage des Operativen Vorganges wurden folgende Hauptzielrichtungen festgelegt:

1. *Die Erarbeitung weitergehender operativer Erkenntnisse beim Wirksamwerden des gesamten Personenkreises in der DDR, insbesondere zur Zerstörung der möglichen Legende »Eisenbahnhobby«, sowie Herausarbeitung von Handlungen gemäß § 97 StGB und deren Dokumentierung.*
2. *Tiefgründige Aufklärung bedeutsamer Kontaktpartner (DDR) zu den erfaßten Personen mit der Hauptrichtung der Herausarbeitung – Kontaktpartner stellen Unterquellen dar.*
3. *Gestaltung eines aktiven IM-Einsatzes an DDR-Kontaktpartner zum Eindringen in deren Verbindungen in die BRD bzw. WB.*
4. *Führung analytischer Tätigkeit zur Herausarbeitung neuralgischer Bereiche, sich wiederholender Angriffsobjekte usw. zur Unterstützung der operativen Prozesse.*

Dieser Zielstellung Rechnung tragend, wurden konkretisierende Aufgabenstellungen aus den Beratungen mit der HA XIX laufend in den Beratungsprozeß eingeführt. ... wesentlichen ... verstärkten ... Lösung ... erfaßten ... Konzentration ... Gewährleistung ... aktiven ... Stabilisierung ... Hauptzielstellung ... vorgangsmäßigen ... Konkretisierung ...... sich daraus ableitenden Maßnahmen ... Reiseanalyse ... operativ relevanter ... vergleichender Einschätzung ...«

Der Leser darf beruhigt sein. Er muß dieses Buch nicht chronologisch und Wort für Wort lesen. Er kann die Abraumhalde von Adjektiven, substantivierten Adjektiven, Konjunktiven und Relativsätzen auch von hinten oder von der Mitte her abschreiten. Absatz für Absatz, Seite für Seite verrät die Sprache den Ungeist des absoluten »Verwaltens« des Menschen. Wer so schreibt, der will nicht die Rechtsordnung eines Staates oder die Sicherheit seiner Bürger verteidigen, der will nicht den Verantwortlichen Erkenntnisse verschaffen und einer ethisch vertretbaren Politik dienen, sondern der will all das »durchsetzen« und »vollstrecken«, was ihm als als Ziel genannt wird, koste es was es wolle, die Menschenwürde, die Ideale der von der eigenen Partei propagierten Politik oder die Existenz des eigenen Staates. Und fehlt es an vorgegebenen Zielen, dann wird sich ein solcher Apparat neue, im Zweifel noch verwerflichere Ziele, schaffen.

Gedanken zum Schluß

Die DDR existiert nicht mehr, und an diesem historischen Ergebnis hat das »Ministerium für Staatssicherheit« dieser einstigen Republik als eine seiner destruktivsten Kräfte keinen geringen Anteil. Zehn Jahre nach der Wende und neun Jahre nach der Vereinigung sind jene unvergänglichen historischen Ereignisse von den drängenden Problemen der Arbeitslosigkeit, der staatlichen Finanzkrise und der zumal in den neuen Bundesländern immer düsterer werdenden politischen Mentalität fast vollständig in den Hintergrund gedrängt. Texte, wie sie in diesem Buch dokumentiert sind, können uns zu Freude und Dankbarkeit darüber ermahnen, daß ein Regime von so erschreckend deutlicher Menschenverachtung ohne Blutvergießen entmachtet werden konnte.

Was mir persönlich als erstem Leser der Dokumente dieses Buches bleibt, ist das befreite und befreiende Lachen – und das Erschrecken – über ein Museum verbalen Irrsinns. Was sich mir als Eisenbahnfreund und Eisenbahnfotografen beim Betrachten der Fotos dieses Buches erneuert, das ist das schmerzhafte Bewußtsein der längst dahingegangenen Schönheit des Dampfeisenbahnbetriebes in den Landschaften der einstigen Deutschen Demokratischen Republik, einer Schönheit, von der die Sicherheitsorgane jenes Staates wie von so vielem, was das Leben kostbar macht und was Menschen bewegt, nichts gewußt haben.

Der Wohnsitz-wechsel

»Ich bin ein Berliner«

»Ich bin ein Berliner« – Jahrzehntelang waren die ET 165 (DR BR 275) aus dem Stadtbild nicht wegzudenken. Der Blick durch die Flemingstraße auf die Stadtbahnbögen zeigt einen S-Bahn-Zug kurz vor der Haltestelle Bellevue im August 1975.
Foto: Burkhard Wollny

Es war einmal – so fangen die meisten Märchen an. Es war einmal ein gemütlicher Sommerabend im Jahr 1975. Wir schrieben den 13. Juli und wir vertrieben uns die Zeit mit dem Genuß edlen Gerstensaftes im »Tegernseer Tönnchen« in Berlin. Wir, das waren eine Handvoll junge Männer, die vor allem eines verband: die Liebe zur Eisenbahn und insbesondere zur Dampflokomotive. Allesamt waren wir begeisterte und auch fleißige Dampflokfotografen. Ich selbst war seinerzeit überwiegend in meiner süddeutschen Heimat tätig, doch strebte ich sozusagen nach neuen Ufern. Einerseits wollte ich einfach etwas anderes sehen, andererseits war nicht zu übersehen, daß der Dampfbetrieb bei der Deutschen Bundesbahn buchstäblich in den letzten Zügen lag. Mit dem Jahreswechsel 1974/75 waren die letzten beiden Preußen in Gestalt der 38 1772 und der 78 246 von den schwäbischen Gleisen verschwunden, 1975 verschwand die DB-Neubaudampflok der Reihe 23 – das Dampfbetriebsgeschehen war eintönig geworden, zumal die von mir besonders geschätzten Schnellzugdampfloks ebenfalls nicht mehr liefen.

So lag es auf der Hand, den Horizont nach Osten zu erweitern. Die DDR stand im Ruf, ein wahres Dampflokparadies zu sein. Schwere Schlepptendermaschinen sollten dort ebenso im täglichen Einsatz stehen wie zierliche Schmalspurmaschinen, vor Zügen aller Gattungen gab es noch Dampflokbetrieb.

An jenem Sommerabend kreiste das Gespräch in unserer feucht-fröhlichen Runde, wie könnte es anders sein, um die Eisenbahn. Meine Berliner Freunde erzählten mir vom Dampfparadies DDR, in das sie im übrigen dank des Berliner Personalausweises problemlos einreisen könnten. (Für diejenigen, die die besonderen Fein-

»Dampfparadies DDR?« - Die Grenzanlagen am Bahnhof Friedrichstraße wirken alles andere als paradiesisch. Der Blick geht über die Berliner Mauer und die Lichtanlagen am Todesstreifen auf die Stadtbahn. D 336 mit 01 505 hat den Bahnhof Friedrichstraße gerade verlassen. Im Hintergrund ist der Fernsehturm am Alexanderplatz zu sehen.
Foto: Burkhard Wollny

Die Rückseiten der Stadtbahnbögen im Bereich des Lehrter Bahnhofes boten ein vielfältiges Gesicht. Kleingewerbetreibende, Schrotthändler, Gleisreste, verrostete Wasserkräne und die Kohlenreserven der Stadt Berlin. 01 525 kurz vor dem S-Bahnhof Lehrter Stadtbahnhof, August 1975. Foto: Burkhard Wollny

Der 23.12.1989 war der letzte Arbeitstag des Besucherbüros in der Berliner Jebensstraße. Der Papierkrieg hatte endgültig ein Ende gefunden. Fotograf Stefan Nowak vom Tagesspiegel hat das Erinnerungsfoto von der Bürobesatzung geschossen.

heiten des »Kalten Krieges« nicht mehr vor Augen haben: Berlin stand bis zur Vereinigung der beiden deutschen Staaten unter der Hoheit der alliierten Siegermächte, weswegen Bürger Berlins (Westteil) keinen Personalausweis der Bundesrepublik, sondern einen »Behelfsmäßigen Personalausweis« Berlins bekamen. Im DDR-Amtsverständnis waren Bundesbürger und Bürger West-Berlins zwei »Paar Stiefel«. Für die Einreise in die DDR waren für Berliner aufgrund der besonderen Lage der geteilten Stadt mühsam Sonder-Besuchsregelungen ausgehandelt worden. Mit dem »Behelfsmäßigen Personalausweis« konnte man beim »Büro für Besuchs- und Reiseangelegenheiten« in Berlin (West) Anträge auf Einreise in die DDR gemäß einer »Vereinbarung zwischen der Regierung der DDR und dem Senat über Erleichterungen und Verbesserungen des Reise- und Besucherverkehrs vom 20. 12. 1971« stellen. Die Voraussetzung hierfür aber war eben, daß man diesen Personalausweis auch besaß, und dieses Papier bekam natürlich nur, wer einen ständigen Wohnsitz in Berlin hatte.

Nach allem, was ich über die Dampfloks in der DDR gehört hatte, war klar: ein solches Dokument mußte ich haben. Der bierselige Abend brachte dann auch die Lösung: ich tat, was zahllose junge Männer seinerzeit machten – ich wechselte den Wohnsitz. Freilich war mein Antrieb nicht, der Wehrpflicht zu entgehen, sondern mein Begehr war der Ausweis. Einer meiner Freunde verfügte in der Berliner Hektorstraße über mehrere Wohnungen und bot sich als Vermieter an.

Wie geplant, so geschehen: noch am nächsten Tag tätigte ich die erforderlichen Behördengänge. Zielstrebig begab ich mich zur Meldestelle 25, holte dort die erforderlichen Vordrucke ab und füllte diese zusammen mit der Mutter meines Freundes aus. Nach der Abgabe der Formulare fuhr ich ein paar Tage in den Harz und verbrachte die Bearbeitungszeit der Behörden damit, an der West-Ost-Strecke Ottbergen–Walkenried–Ellrich Ottbergener 44er abzulichten.

Am 25. Juli 1975 war es soweit: Ich hielt den Ausweis mit der Nummer 3286430 in der Hand. Von Stund an unterschied mich nur noch wenig von John F. Kennedy, auch ich »war ein Berliner« geworden. Böse Zungen behaupteten immer wieder, Berliner seien im Grunde eingesperrt – ich sah das ganz anders. Für mich eröffneten sich völlig neue Welten und ich zögerte nicht, sie zu entdecken. Umgehend nach Erhalt der Papiere begab ich mich in besagtes Büro in der Jebensstraße beim Bahnhof Zoo, um einen Antrag auf Einreise zu stellen.

Als Reiseziel gab ich Dresden an, ein Ziel, das an sich keine Fragen offen ließ. Ganz sicher über das tatsächliche Ziel war ich mir allerdings noch nicht. Immerhin hatten Erkundigungen bei Gleichgesinnten ergeben, daß es in erreichbarer Nähe noch andere lohnenswerte Ziele gab: So fuhren auf der Strecke Berlin–Cottbus noch Vorkriegstriebwagen, in Calau waren Kohlenstaub-52 eingesetzt. Nebenan, auf der Strecke Berlin–Dresden, rasten Schnellzüge mit großohrigen 01 vorbei. Das waren Probleme …

Doch noch war es nicht so weit. An der Eingangstür des Büros wurden zunächst die

»Konnte ich mich eigentlich nicht mit dem zufriedengeben, was ich schon fotografiert hatte?«
Reichsbahndampfloks konnte man auch ohne Probleme, Visum und Zwangsumtausch fotografieren, nämlich im Westteil Berlins. Am 12. Juli 1975 hat 01 505 den Ostteil gerade verlassen und dampft am Lehrter Stadtbahnhof vorbei. Von einem damals im Bau befindlichen Verwaltungsgebäude des Senats geht der Blick in Richtung Osten, rechts im Hintergrund ist die Charité.
Foto: Burkhard Wollny

ausgefüllten Einreiseanträge auf ihre Vollständigkeit hin überprüft. Dann mußte ich kurz warten, bis mir in dem am Wartezimmer angrenzenden langen Raum ein Stuhl bei einem der dort plazierten uniformierten »Genossen« zugewiesen wurde. Dieser nahm mit einem kurzen Gruß meine Unterlagen entgegen, füllte irgendwas aus und knallte dann mehrmals seine Stempel auf ein Formular. Nach wenigen Sekunden war die Prozedur vorbei und ich war befugt, meine erste Fahrt in die DDR antreten zu können.

Der darauffolgende 26. Juli war der »große Tag«. In aller Frühe gegen 5 Uhr morgens schlich ich mit meinem Wagen durch das morgendliche leere Berlin in Richtung GÜST (Grenzübergangstelle) Rudower Chaussee. Je näher ich dem Übergang kam, desto mulmiger wurde mir. Der Wohnsitzwechsel war ja nur ein formaler Akt gewesen, jetzt aber sollte es »ernst werden«. Wohl jeder, der seinerzeit über die deutsch-deutsche Grenze wollte, wurde von ähnlich unruhigen Gedanken geplagt wie ich an jenem Morgen. Sollte ich das wirklich auf mich nehmen? Konnte ich mich eigentlich nicht mit dem zufrieden geben, was ich schon fotografiert hatte? Schließlich aber obsiegte meine Abenteuerlust und ich war fest entschlossen, das ganze »durchzuziehen«, komme was da wolle. Immerhin, ich war im Besitz der erforderlichen Papiere, was sollte schon groß passieren. Der West-Zöllner winkte mich einfach durch. Anschließend ging es in Schlangenlinien an allerlei Panzersperren vorbei zu einer Vorkontrolle, wo nur kurz die Vollständigkeit der Papiere überprüft wurde. Danach folgte der Zoll und ein kurzer Blick ins Auto. Nach einer Wartezeit von 5 Minuten erhielt ich die Papiere zurück. Ich atmete erleichtert durch und dann – nichts wie weg!

Auf der Autobahn befand sich damals noch eine weitere Kontrolle kurz hinter dem Schönefelder Kreuz. Doch auch dort wurden nur die Papiere auf ihre Richtigkeit überprüft, dann durfte ich weiterfahren.

Da ich mich am Abend zuvor noch mittels Landkarten ortskundig gemacht hatte, steuerte ich daraufhin zielstrebig dem Ort Golßen entgegen, der ziemlich nahe der Autobahn liegt. Von hier aus konnte ich schnell die Strecke Berlin–Cottbus erreichen. Auffallend und für mich als überwiegend in Süddeutschland reisenden Autofahrer ungewohnt waren die leeren Straßen in der Mark. Einzig ein russischer Militärgeländewagen kam mir bei Golßen entgegen.

Nördlich von Golßen bog ich in einen Feldweg ein und parkte mein Auto uneinsehbar unter Kiefern. Es herrschte eine ungewöhnliche Stille um mich herum; nichts war zu hören, ab und zu in der Ferne das Knattern eines Zweitaktfahrzeuges. Doch die Ruhe währte nur kurz, denn plötzlich ertönte von weitem ein tiefes Grummeln, das sich von Süden her schnell näherte. Vor mir lag die kilometerlange, gerade Eisenbahnstrecke. Nun wurde es mit jeder Sekunde aufregender! Ist auch keiner da, der mich sieht? Nein! Schnell stellte ich die Belichtung richtig ein, 1/500 Blende 4. Die Umrisse einer Altbau-01 waren erkennbar! Aber mit welchem Tempo raste der Zug auf mich zu! Kamera hoch, Zug da,

Im März 1975 dachte ich noch nicht an Reisen in die DDR, sondern genoß mit meinen Freunden den Reichsbahndampf im Westteil Berlins. Ein bekannter Fotostandort war das an der Kantstraße gelegene Parkhaus. Von dort konnte man von erhöhten Standpunkt aus die Abfahrt der Züge genießen. Hier verläßt D 1332 mit 01 508 den Bahnhof Zoo. Das Parkhaus wurde im Sommer 1998 dem Erdboden gleichgemacht. An seiner Stelle wird ein Bürogebäude errichtet.
Foto: Karsten Risch

Ein paar hundert Meter weiter liegt der S-Bahnhof Savignystraße. Vom S-Bahnsteig aus beobachten wir den D 336 mit 01 505 am 12. Juli 1975.
Foto: Burkhard Wollny

»Der Beginn einer wunderbaren Freundschaft« – Das erste Bild am ersten Einreisetag. Bei Golßen an der Hauptstrecke Dresden–Berlin rast am 26. Juli 1975 01 029 mit dem D 270 »Meridian« durch die Kiefernwälder der Hauptstadt entgegen.
Foto: Burkhard Wollny

Schuß, alles vorbei und – ab in die Hecke. Noch eine ganze Weile konnte man das Donnern der sich entfernenden 01 vernehmen.

Ich wartete noch zwei weitere Züge ab und fuhr dann nach Brand. Daß hier ein Militärflugplatz einer befreundeten Macht der DDR war, wußte ich nicht! Trotzdem verhielt ich mich vorsichtig. Auch hier war wieder Verstecken im Wald angesagt und schließlich kam ein alter VT (Verbrennungstriebwagen) vorbei. In Calau erwischte ich daraufhin eine Kohlenstaub-

»Daß hier ein Militärflugplatz war, wußte ich nicht« – Bei Brand fuhr der Vorkriegs-VT am 26. Juli 1975 nach Berlin. Der hintere Triebwagen wirkt dunkler, da er violett-beige lackiert ist, während der vordere in rot-beige daherkommt.
Foto: Burkhard Wollny

52er. Ich sollte diese Baureihe danach nicht mehr im Betrieb erleben.
Die Fahrt ging weiter in Richtung Süden. In Döbeln wurden die rekonstruierten 58er fotografiert, in Radebeul Schmalspurzüge und zum krönenden Abschluß in Weinböhla noch eine Altbau-01.
Mit solchen für mich unglaublichen Eindrücken kam ich abends unbehelligt wieder in West-Berlin an. Dieses in der DDR vorherrschende Ambiente, alte Maschinen inmitten unberührter Natur, dazu der würzige Duft der märkischen Kiefernwälder, ließen mein Herz höher schlagen. Schon für diese erste Fototour hatte sich der Wohnsitzwechsel mehr als gelohnt. Es erging mir wie vielen anderen: das ganz besondere DDR-Dampf-Fluidum hatte mich gepackt und ließ mich nicht mehr los, und so folgten dieser Premiere noch zahlreiche weitere Fahrten. Daß dies auf die Dauer auffallen mußte, lag eigentlich auf der Hand, und in der Tat dauerte es nicht lange, bis mein »Treiben« dem Auge des Gesetzes gewahr wurde. Daß daraus allerdings 1230 Seiten Akten, und, fast ein Vierteljahrhundert später, ein Buch werden sollte, hätte ich seinerzeit in meinen kühnsten Träumen nicht gedacht.
Erst durch die Einsicht in die Akte wurde mir klar, wie mir die Staatssicherheit seinerzeit auf die Spur gekommen ist. Das folgende Kapitel berichtet davon.

In wenigen Minuten wird 01 165 vor ihrem D-Zug 671 die »Hauptstadt der DDR« verlassen und nach Dresden eilen.
Foto: Karsten Risch

»Sichtlich nervös und aufgeregt«

1975–1976

Der gleiche Zug und dieselbe Lok wie auf dem vorherigen Bild – Mit dem Teleobjektiv hat Karsten Risch den heranrasenden Schnellzug bei Golßen im August 1975 dramatisch eingefangen. Teleobjektive zählten die Organe zur »unnatürlich umfangreichen Fotoausrüstung« …

59
5

Ich hatte es eingangs schon einmal erwähnt – die Exkursionen zu den Dampfloks in der DDR waren in der Regel eine gemeinsame Aktion. Karsten Risch, Hermann Kuom, Dieter Schlipf, Stephan Franz und ich waren gewissermaßen eine Art »Fotozirkel«, und so umfaßt der »Operative Vorgang Fotograf« natürlich nicht nur meine eigenen Touren sondern auch das Treiben meiner Freunde. Diese Bemerkung ist insofern nicht unwichtig, als in den folgenden Kapiteln immer wieder deutlich zutage tritt, mit welchem Aufwand die Staatssicherheit Bezüge zwischen den einzelnen observierten Personen herstellte. Beispielsweise hat auch der Beginn der Observierung meiner Person seinen Ursprung lange vor meiner ersten Einreise in die DDR.

Am 16. Juni 1975 nämlich fielen bei einer Einreise in die DDR der PKE (Paßkontrolleinheit) Hirschberg zwei Herren auf, die sich bei der durchgeführten Zollkontrolle »sichtlich nervös und aufgeregt« verhielten. Bei der Kontrolle wurde festgestellt, daß die beiden Personen sehr häufig in die Bezirke der DDR einreisen und »unnatürlich viel Fotoausrüstung« mit sich führen.

Der Begriff »unnatürlich viel Fotoausrüstung« ist natürlich relativ, denn nach unserem Verständnis war das „Equipment" keineswegs unnatürlich viel, sondern allenfalls dem Zweck angemessen. Wie dem auch sei, allein dieser „Verstoß gegen die Norm" war zunächst einmal hinreichend für einen Anfangsverdacht. Das „Rad begann sich zu drehen". Aus der Akte geht hervor, daß diese Auffälligkeit den Verdacht zunächst der Grenztruppen erregte, weswegen von dieser Seite aus weiter ermittelt wurde. Wie dem vorigen Kapitel ersichtlich, griff im Juli 1975 auch ich in das Geschehen ein, was natürlich alsbald ebenfalls aktenkundig wurde:

Wir beginnen die fotografische Entdeckungsreise durch die DDR in Berlin. Eine Fahrt mit der S-Bahn durch Ost-Berlin lohnte sich 1975 sehr. Auf der Nord-Süd-Strecke Pankow–Schöneweide kreuzte oder überholte die S-Bahn ständig mit Dampflokomotiven geführte Güterzüge. Trotz fragender Miene des Mitreisenden wagte ich den Schuß auf 52 4817 im Güterbahnhof Greifswalder Straße. Bemerkenswert ist das noch heute erhaltene, im Haus integrierte Stellwerk.
Foto: Burkhard Wollny

Bei der Einreise von Berlin aus gaben wir Dresden als Reiseziel an. Die Hauptstrecke Dresden–Berlin besuchten wir öfter. Sie bot zwischen Weinböhla und Großenhain schöne Fotostandpunkte aus erhöhter Warte. Das Bild zeigt, daß hier nicht nur »Hochbeinige« unterwegs waren: eine V 200, auch »Taigatrommel« genannt, leistet einer 52.80 vor einem schweren Braunkohlezug Vorspann. Foto: Burkhard Wollny

Während die Organe das Material »operativ verdichteten«, waren wir fleißig auf der Pirsch nach Raritäten. Die Begegnung mit einer aktiven sächsischen Dampflokomotive war sicher einer der Höhepunkte in meiner Fotoära. 94 2105 ist heute noch in Schwarzenberg allerdings nicht betriebsfähig erhalten. Am 4. Oktober 1975 ist die Lok noch unter Dampf und wird in Kürze den Abbauzug nach Eibenstock unterer Bahnhof ziehen.
Foto: Burkhard Wollny

»Im Rahmen der weiteren operativen Verdichtung des Materials und durch eingeleitete operative Maßnahmen an der GÜST (Grenzübergangsstelle) wurden als Mitreisende von »E.« und Müller (die beiden »Erstverdächtigen«, Anm. d. Aut) die Personen Kuom und Risch sowie Wollny und Franz bekannt. Durch alle genannten Personen werden regelmäßig Einreisen als Tourist in die Bezirke der DDR durchgeführt. Bei allen Einreisen wird von jeder Person eine über das normale Maß hinausgehende Anzahl von Fototechnik (mehrere Fotoapparate, Filmkameras, Objektive und Filmmaterial) mitgeführt. Durch die

Drei Wochen vorher war auf der Steilstrecke Eibenstock unt. Bahnhof–Eibenstock ob. Bahnhof noch planmäßiger Betrieb, wenngleich 94 2080 bereits erste Anzeichen des nahen Endes in Form von Kreideaufschriften statt der Lokschilder zeigt. Zum Fahrplanwechsel Ende September 1975 wurde die Strecke eingestellt, heute ist der untere Bahnhof, in dem am 13. September 1975 das Bild entstand, von den Wassermassen der Muldetalsperre überflutet. Foto: Burkhard Wollny

Der »Fotozirkel« an einem sonnigen Samstagabend 1975 in Werdau. Von links nach rechts: Sabine Risch, Hermann Kuom, Wolfram Müller, der Autor und Dieter Schlipf
Foto: Karsten Risch (auch Mitglied dieses Zirkels)

Das Erzgebirge und seine Dampflokomotiven: 86 1549, eine Übergangskriegsbauart mit nur einem Fenster im Bahnhofsgelände des Bahnhofes Aue. Einen schönen Hintergrund bilden die um die Jahrhundertwende erbauten Bürgerhäuser.
Foto: Hermann Kuom

an den GÜST eingeleiteten Maßnahmen wurde auch bekannt, daß bei mehreren Einreisen Kursbücher der Deutschen Reichsbahn der DDR mit angestrichenen Streckenführungen mitgeführt wurden.«
»Weitere operative Verdichtung« bedeutete nichts anderes, als daß aufgrund des Verdachtes der Grenztruppen, ausgelöst durch die »unnatürliche« Fotoausrüstung, den Grenzgängern fortan besondere Auf-

Ebenfalls in Aue entstand am 13. September 1975 das Bild von 86 1772. Für die Bergfahrt nach Schwarzenberg heizt ihr der Heizer kräftig ein.
Foto: Dieter Schlipf

Es fiel den Organen auf, daß wir sehr häufig einreisten. Kein Wunder, denn es gab unendlich viel zu entdecken. Geradezu paradiesisch waren die Ausflüge zu den sächsischen Schmalspurbahnen, daher sei ihnen auch eine Doppelseite gewidmet:
Im September 1975 fuhren zwischen Oschatz und Mügeln noch Personenzüge. Diese und auch die Güterzüge bremsten mit der Heberlein-Bremse, einer Drahtseilkonstruktion, welche von der Lok zu den Wagen führte! Im Hintergrund des durch Oschatz fahrenden Güterzuges sind gut die nach Westen ausgerichteten Fernsehantennen zu erkennen, die weit weniger störend sind als die heutzutage an den Häusern befestigten Satelliten-Schüsseln. Erwähnenswert ist natürlich auch die rechts hinten stehende, um 1443 gebaute dreischiffige Hallenkirche St. Ägidien. Foto: Burkhard Wollny

Die älteste und gleichzeitig eine der schönsten der sächsischen Schmalspurstrecken führte von Wilkau-Haßlau im Tal der Zwickauer Mulde über Kirchberg, Rothenkirchen und Schönheide nach Carlsfeld. Wo sonst gab es schon solche Viadukte mit sächsischen Schmalspur-Loks? Das Foto zeigt das 1893 erbaute Viadukt bei Stützengrün am 13. September 1975.
Foto: Dieter Schlipf

Wenig später erreicht dieselbe »Fuhre« (die Bezeichnung »Zug« wirkt angesichts nur eines Personenwagens leicht übertrieben) den Bahnhof Schönheide-West. 1979 wurde das letzte Stück der Strecke eingestellt, zwanzig Jahre später jedoch dampft es in Schönheide auf einem wiederaufgebauten Teilstück wieder. Damals wie heute im Einsatz: 99 1585.
Foto: Burkhard Wollny

merksamkeit zuteil wurde. Zunächst waren nur die Grenztruppen wachsam. Diesen fiel auf, daß wir a) sehr häufig, und b) mit ständig wechselnden Autos einreisten. Daher wurden wir in der Folge auch gemeinsam »bearbeitet«. Die Staatssicherheit wurde von den Grenzorganen durch Berichte darüber informiert. Ende des Jahres 1975 schließlich wurde die Stasi selbst tätig und schaltete sich in den »Operativen Vorgang« ein. Bis dahin waren die Grenzübertritte ohne größere Probleme vonstatten gegangen. Im Grunde blieb das auch so, allerdings begann der Apparat nun verstärkt, hinter den Kulissen zu arbeiten.

Am 29. Februar 1976 reisten vier Eisenbahnfreunde in die DDR ein. Die Akte berichtet detailliert über die Einreise und die damit in Gang gekommenen Operationen: Hauptmann Stohr von der Paßkontrolleinheit Hirschberg telegrafierte der Bezirksverwaltung Gera am 29.2.1976, daß *»die Kennziffern 211 130, 212 262 und 211 736 (es handelt sich hierbei nicht um Diesellokomotiven, sondern um den Autor sowie die Beifahrer Franz, Kuom und Müller) gegen 7.15 Uhr als Touristen über die GÜST Hirschberg nach Aue in die DDR einreisten«.* Ferner berichtete Stohr, daß am Vortag, dem 28.2.1976, die Kennziffern getrennt eingereist waren, während sie, die Kennziffern, heute gemeinsam einreisten.

Im Rahmen der Zollkontrolle wurde festgestellt, daß »ca. 10 Kameras und umfangreiches Filmmaterial mitgeführt wird, dabei sind 3 Kameras fest auf einer Metallschiene installiert und mit Weitwinkelobjektiven von ca. 40 cm Länge ausgestattet.« (Weswegen der Zollkontrolleur ein 40 cm langes Objektiv für ein Weitwinkel hielt, sagt die Akte nicht – immerhin wurden gerade in der DDR hochwertige Objektive hergestellt, darunter auch Tele- und Weitwinkelobjektive, er hätte also durchaus wissen können, daß ein 40 cm langes Objektiv nur ein Tele-Objektiv sein kann).

Durch Genossen der PKE, so die Akte weiter, wurde beobachtet, daß eine der reisenden Personen während der Zollkontrolle, nachdem sich der Zollkontrolleur mit einer anderen Person vom PKW entfernt hatte, 4 Kameras vom vorderen in den hinteren Fahrgastraum brachte, in diesem Zusammenhang konnte weiter beobachtet werden, daß er eine der Kameras auf die Abfertigungstrakte richtete, jedoch keine Aufnahmen machte. Weiter wurde im Rahmen der Zollkontrolle bekannt, daß die Reisenden relativ geringe Zahlungsmittel mitführen, die Zahlungsmittel bewegten sich zwischen DM 30 und DM 130, Geschenke wurden nicht festgestellt. Außerdem wurden wie am Vortag Kursbücher mit den erwähnten Merkmalen festgestellt, darüberhinaus wurden zusätzlich Reichsbahnkarten und Straßenkarten vom Territorium der DDR mitgeführt. Zum Pkw wurde durch den Zollkontrolleur außerdem der Km-Stand festgestellt, der Tacho zeigt einen gefahrenen Km-Stand von 80 km an, »es kann eingeschätzt werden, daß dieser Stand nicht den Tatsachen entspricht, da der PKW nicht neuwertig ist. (Dieser Rückschluß trifft zu: der PKW war keineswegs neuwertig – allerdings entsprach auch der Kilometerstand von 80 Km keineswegs den Tatsachen. Den sogenannten Tageskilometerzähler kannten die Grenzer offenbar nicht…)

Am 29. Februar 1976 reisten »die Kennziffern 211 130, 212 262 und 211 736 gegen 7. 15 Uhr als Touristen über die GÜST Hirschberg nach Aue in die DDR« gemeinsam ein, am Vortag hingegen waren die Kennziffern getrennt eingereist. Diese beiden Tage waren nicht nur für die Akte ergiebig, auch die Fotoausbeute konnte sich sehen lassen: 58 1207 donnert mit ihrem Güterzug am 28. Februar 1976 die Steigung vor Schwarzenberg-Neuwelt herauf.
Foto: Burkhard Wollny

Kurz nach 9 Uhr verließ täglich ein Güterzug mit der preußischen G12 Aue. Wir sehen diesen attraktiven Zug noch einige Male, fuhr er doch fotogerecht immer in die Sonne hinein. Am 28. Februar 1976 hat der Zug Aue gerade verlassen. Für diese Aufnahme verwendete der Fotograf tatsächlich ein Weitwinkelobjektiv, das freilich keine »40 cm Länge« aufwies.
Foto: Burkhard Wollny

Halter des Pkw ist der Wollny, Burkhard. Durch die Reisenden wurde gegenüber dem Zollkontrolleur geäußert, daß sie heute ökonomischer reisen, da sie nur einen Pkw benutzen.«
Soweit die Ausführungen aus Hirschberg. Man kann den Grenzorganen ihr Mißtrauen im Grunde nicht übel nehmen: wer nicht selbst Eisenbahnfreund ist, vermag wohl kaum die Notwendigkeit einer derart umfangreichen Fotoausrüstung zu erkennen, zumal dann, wenn der Wert der Ausrüstung im krassen Gegensatz zum äußeren Erscheinungsbild der Besitzer steht. Für uns freilich war das ganz normal – die für eine „Expedititon" in die DDR benötigten zwei Kameras für Schwarz-Weiß Fotos, (Tele- und Normalbrennweite auf der Schiene montiert), dann eine für Diapositive und eine Reservekamera für etwaige Ausfälle. Mit der Anzahl der Fotografen multipliziert waren das schon mindestens 12 Kameras.

Eine Stunde später trifft der gleiche Zug im Gegenlicht in Breitenbrunn ein.
Foto: Burkhard Wollny

Und angesichts der Fülle dessen, was es zu fotografieren gab, waren je Fotograf mindestens 10 Filme nötig, was im Übrigen in dieser Szene eine durchaus nicht ungewöhnliche Menge ist. Doch wie gesagt: wer in dieser Szene nicht zu Hause war, mußte eigentlich über die 40 Filme und 12 plus x Kameras die Hände über dem Kopf zusammenschlagen – oder aber mißtrauisch werden. Die PKE-Kräfte in Hirschberg taten letzteres. Doch auch uns ließ das „Grenzübergangs-Szenario" natürlich nicht kalt. Im Gegenteil: Immer wenn wir uns den Grenzanlagen näherten, herrschte im Auto eine unglaubliche Spannung. War schon der Anblick der Befestigungsanlagen beklemmend genug, so tat die bevorstehende Kontrolle mit ihren möglichen unvorhersehbaren Wendungen das Übrige dazu. Wir waren jedes Mal „heilfroh", wenn wir die GÜST hinter uns ließen.

Mitunter »mogelten« sich auch Diesellokomotiven unter die Dampfloks: 110 611 vor einer G 12. Elegant zeigt sich der Herr mit dem zweireihigen Trenchcoat, der stark an den legendären Nick Knatterton erinnert! Der dazugehörige Nachschuß wurde wie das vorige Bild mit einem 85-mm-Objektiv in Lauter aufgenommen. Fotos: Burkhard Wollny

Eigentümlich ist es, wenn man heute die ehemaligen Kontrollanlagen in Hirschberg passiert. Die Lage der GÜST ist noch immer zweifelsfrei zu erkennen, doch die Gebäude wurden mittlerweile dem Erdboden gleich gemacht – Gott sei Dank.

Nach diesem kurzen Exkurs sollen nun wieder die Akten sprechen. Knappe zwei Monate waren mittlerweile vergangen, doch die Behörden waren in der Zwischenzeit nicht untätig gewesen und ermittelten fleißig weiter. Am 17. April 1976 wurden wir wieder auffällig, dieses Mal allerdings am Grenzübergang Rudower Chaussee im Süden Berlins. Wir wollten Dresden besuchen. Die Grenzkontrollen stellten fest:

»Im Kontrollgespräch gaben die Bürger an, daß sie in Dresden dem Zwinger einen Besuch abstatten möchten. Dabei wollen die Bürger Aufnahmen machen. Im Kofferraum des Pkw befand sich ein Kursbuch der Deutschen Reichsbahn, in welchem bestimmte Strecken rot unterstrichen waren. Auf diese Feststellung wurde vom Kontrolleur des GZA (Grenzzollamt) nicht weiter eingegangen. Im Widerspruch zu dem angegebenen Reiseziel waren die Bürger mit stark abgetragenen Sachen bekleidet. Zwei Bürger trugen Stiefel (1x Gummi- und 1x Lederstiefel). Während der Kontrolle traten die genannten Bürger höflich auf. Allen an sie gestellten Verfügungen kamen sie sofort nach. Beim Kontrolleur des GZA entstand der Eindruck, daß die Bürger unser Interesse für sie nicht bemerkt hatten. Nähere Angaben zur Person bzw. zum Charakter der Reise konnten nicht erarbeitet werden. Die Bürger gaben keinen Anlaß zu einer Gesprächsführung mit ihnen.«

Am Abend kehrten wir nach Berlin zurück, wo wir unser Urlaubsdomizil aufgeschlagen hatten. Natürlich sollte der Urlaub möglichst effektiv genutzt werden, sprich:

Ebenfalls am 28. Februar 1976 entstand das Foto von der Cranzahler Bimmelbahn. Unter privater Regie fährt die Schmalspurbahn noch heute, selbst die Lokomotiven sind die gleichen geblieben. Wie deutlich zu erkennen ist, geht es kurz vor Einfahrt nach Kretscham-Rothensehma steil bergauf.
Foto: Burkhard Wollny

wir wollten möglichst viele Fotos mit nach Hause nehmen. Also reisten wir am nächsten Tag erneut in die DDR ein. Unser Ziel lautete, wie hätte es anders sein können: Dresden. Und wieder fertigte das GZA ein Protokoll (man stellt sich unweigerlich die Frage, wer nun beharrlicher war: wir oder die Grenzer…). Der Wortlaut des Protokolls klingt bekannt: *»Der Zollkontrolle führten die Bürger die gleiche Fotoausrüstung wie am 17.4. vor. Alle vier Bürger hatten vor der Einreisezollkontrolle ihre Fotoausrüstungsgegenstände ordnungsgemäß in die Zollerklärung eingetragen. Eine Überprüfung verlief ohne Beanstandungen. Die Bürger gingen auf die Versuche, sie in ein Gespräch zu verwickeln, nicht ein. Alle Fragen, die sich im Prozeß der Kontrolle der mitgeführten Gegenstände bewegten, wurden bereitwillig beantwortet. Ansonsten zeigten sie kein Interesse an einem Gespräch. Die Ausreise nach Westberlin erfolgte gegen 20 Uhr. Die Abfertigung der Bürger verlief ohne Beanstandungen.«*
Ohne Beanstandungen unsererseits verlief dann der nächste Tag. Den 18. April 1976 widmeten wir der Hauptlinie Berlin–Dresden. Doch Ruhe ist zuweilen trügerisch. Sicher wären wir weniger gelassen gewesen, wenn wir geahnt hätten, was hinter den Kulissen geschah. So aber erledigten wir wie gewohnt unsere „Arbeit", packten nach getaner Aufnahme unsere Sachen und suchten das Weite. Daß wir dabei haarscharf einer (womöglich) unangenehmen Begegnung mit der Volkspolizei entgingen, erfuhr ich erst, als ich die auf Seite 40 abgebildeten Akten erstmals zu Gesicht bekam.

Der 20. März 1976 war ein größtenteils trüber, verhangener Wintertag, doch hinderte uns dies keineswegs am Fotografieren. Wieder stand das Erzgebirge auf dem Programm. Das bekannte Markersbacher Viadukt erlebten wir sogar im Sonnenlicht. Eine 86 zieht ihren Güterzug im winterlichen Gegenlicht bergwärts.
Foto: Burkhard Wollny

Im Bahnhof Lauter/Sachsen hingegen war es trüb und trist, als 58 1207 mit ihrem Güterzug durch den Bahnhof stampfte.
Foto: Burkhard Wollny

Smogalarm! Nebliges Wetter, braunkohlegeschwängerte Luft – Die G12 trägt ihren Teil zur Wetterlage in Schwarzenberg bei.
Foto: Burkhard Wollny

Wollny 96

KD Bad Liebenwerda   Bad Liebenwerda, den 21.04.1976

BStU
000126

Bericht

Am Mittwoch, dem 21.04.1976, um 13.45 Uhr wurde der Genosse

W o h m a n n, Paul
geb. am : [redacted]
wohnhaft : 7904 Elsterwerda, Lauchhammer Str.14
tätig als: [redacted]
Betrieb : [redacted]
Partei : SED

in seinem Büro aufgesucht und zum nachfolgenden Sachverhalt befragt.

W. fuhr am Sonntag, den 18.04,1976 mit seiner Ehefrau nach Hohenleipisch. Die Fahrt wurde mit seinem PKW "Wartburg" durchgeführt.
Da die Schranken der Strecke Berlin - Dresden geschlossen waren, fuhr er vor dem Bahnübergang rechts einen unbefestigten Weg (siehe Zeichnung) Richtung Döllingen. Gegen 10.45 Uhr stellte er den PKW mit dem polizeilichen Kennzeichen

ES - XX - 741

fest. Es handelt sich hier um einen rotbraunen Opel. W. wollte sich jedoch nicht genau festlegen.
In einer Entfernung von etwa 20 m sah W. sowie dessen Ehefrau 3 männliche Personen, die sich mit auf drei Stative montierte Fotoapparate mit langen Teleobjektiven beschäftigten. Eine Person stand daneben mit der Blickrichtung Bahnübergang - Panzerstraße. Diese Person war etwa 1,80 groß, schmächtige Gestalt, etwa 38 - 40 Jahre, hatte dunkles welliges Haar und trug einen dunklen Anzug, ähnlich der anderen Personen.
Die Beschreibung der zwei anderen Personen fiel dem W. schwer, da diese in gebückter Stellung sich mit dem Einrichten der Kameras beschäftigten.
Diese Personen schätzte W. ebenfalls etwa 38 - 40 Jahre, beide hatten auch dunkles Haar und dunkle Anzüge.
Diese Feststellung machte W. und seine Ehefrau in der Vorbeifahrt, da er aus Sicherheitsgründen (Schutz seiner eigenen Person sowie seiner Frau) nicht anhielt.
Da keine weiteren Personen in der Umgebung zu sehen waren ist W. überzeugt, daß die drei Personen zum PKW gehörten.
Nach etwa 60 Minuten, wo W. den gleichen Weg zurückfuhr, war der PKW weg.
W. verständigte den Gen. Bielagk von der VP, da dieser bei ihm im Haus wohnt. Mit anderen Personen hat er sich nicht unterhalten
Der Ort wurde im Beisein des W. gesichtet.

Leiter der Kreisdienststelle   Sachbearbeiter

Müller   Weber
Hauptmann   Ultn.

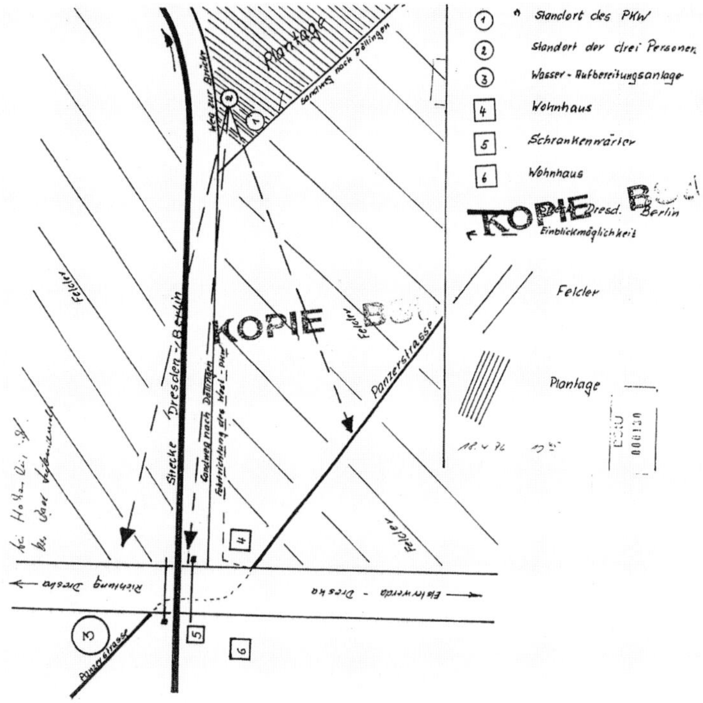

»Blickrichtung Bahnübergang – Panzerstraße…« Das Bild zum »Bericht« von Genosse Paul Wohmann: Die Fotostelle dort war eine Notlösung, sie bot kein Motiv, alles war flach. So konnte ich den D 1924 mit 01 514 um 10.50 Uhr nur als Mitziehaufnahme einigermaßen ins Bild setzen.
Zum vorhergehenden Bericht ergänzte die Stasi in einer Notiz, »daß W., Franz, Müller und Kuom am angegebenen Ort festgestellt wurden, als sie mittels Stativ unmittelbar an Bahnkörpern stehend fotografische Aufnahmen an der Strecke Berlin–Dresden anfertigten. Ihr Standort war an einem Überweg einer Panzerstraße, die zum Übungsgelände und zu den sichtbaren Kasernen führt.«
Dankenswerter Weise fertigten die Genossen seinerzeit einen detaillierten Lageplan – so konnten wir den Fotostandort über zwanzig Jahre später problemlos wiederfinden.
Foto: Burkhard Wollny

Hätte der Genosse Paul Wohmann nicht um seine eigene Sicherheit gefürchtet und angehalten, bzw. wäre er gleich bei der Volkspolizei vorstellig geworden, wären wir möglicherweise erwischt worden. So jedoch führte der »Sachverhalt« lediglich zu einem immerhin recht detaillierten Lageplan, der das Auffinden des Fotostandortes auch 20 Jahre später noch problemlos möglich macht.

Die gesamten bis dahin zusammengetragenen Informationen wurden im Frühjahr 1976 zum »Operativen Material ‚Eisenbahn'« zusammengefaßt und bei der Hauptabteilung VI des Ministeriums für Staatssicherheit (MfS) in Berlin geführt. Am 4. Juni 1976 fertigte Oberleutnant Joachimsthal (Paßkontrolle, Tourismus, Interhotel unter Generalmajor Heinz Fiedler) einen »Sachstandsbericht«, worin er die bisherigen Ergebnisse zusammenfaßte und daraus Schlüsse zog. Abgesehen davon, daß natürlich auch hier wieder unsere »unnatürlich« umfangreiche Fotoausrüstung hervorgehoben wurde, schildert der Bericht:

»Ferner wurde bei einer Einreise der Person Risch und der Person Müller sowie Kuom am 2.5.1976 über die Güst, Rudower Chaussee wiederum 2 Kursbücher der DR (Deutsche Reichsbahn) sowie 5 Landkarten von Berlin, Dresden und Sachsen festgestellt. Gegenüber dem Zollkontrolleur gaben diese Personen an, daß sie sich für eine in der Nähe von Dresden verkehrende Schmalspurbahn interessieren und diese bei der Fahrt filmen wollen. Die Kursbücher sollten zur Bestimmung der Zugfolge benutzt werden, um die Fototechnik rechtzeitig einsatzbereit zu haben. Die genannten Personen erklärten bei dieser Einreise, daß sie schon viele Aufnahmen von verschiedenen Bahnen hätten und auch selbst Modelleisenbahnen besitzen. Auffallend ist auch die im Wider-

Im Frühjahr 1976 wurden die gesamten bis dahin gesammelten Informationen zum »Operativen Material Eisenbahn« zusammengefaßt und bei der Hauptabteilung VI des MfS in Berlin geführt.
Unterdessen erlebte ich weitab von Berlin einen der wichtigsten Tage in meinem Fotoleben: zum ersten Mal sah und fotografierte ich am 14. April 1976 einen Güterzug, der mit zwei G 12 bespannt war. 58 2051 und 58 311 – letztere heute bei den Ulmer Eisenbahnfreunden aktiv – bei der Durchfahrt durch Lauter/Sachsen.
Fotos: Burkhard Wollny

spruch zu den angegebenen Reisezielen, wie »Besuch des Dresdner Zwingers« schlechte Bekleidung der Personen. Aus diesen operativen Feststellungen ergibt sich die Version, daß die genannten Personen im Auftrag dritter Personen Reisen in die DDR aus touristischen Gründen durchführen und dabei Objekte des Verkehrswesens und unter Umständen der Landesverteidigung fotografisch sichern und aufklären. Diese Version wird gestützt durch den Widerspruch Kleidung – Reiseziel – Kleidung – sehr teure Fotoausrüstung und die Tatsache, daß die Einreisen nicht nur an den Wochenenden, sondern auch an normalen Arbeitstagen erfolgen. Aus dem bisherigen Sachstand und der dargelegten Version ergibt sich die Notwendigkeit einer zielgerichteten operativen Bearbeitung dieser Personen, um eine exakte Einschätzung ihrer Aktivitäten und möglichen feindlichen Handlungen zu erreichen. Es wird daher vorgeschlagen, die unter Punkt 1. genannten Personen in einer OPK (operativen Personenkontrolle) zu bearbeiten.

4.6.1976 gez. Oberleutnant Joachimsthal«

»Auf den bis dahin erarbeiteten operativen Feststellungen fußten die zu ergreifenden Maßnahmen...« – Zu den »operativen Feststellungen« zählten auch die Ermittlungen vom 21. April 1976: »Am 21.4.1976 wurden gegen 8. 00 Uhr Wollny, Franz und Müller bei Spechthausen (Kreis Eberswalde) an einer Einflugschneise eines militärischen Flugplatzes mit umfangreicher Fototechnik schußbereit angetroffen: Reiseziel war Angermünde.«
Statt Flugzeugen »schossen« wir Dampfloks wie 44 0452-1 bei der Abfahrt in Angermünde.
Foto: Burkhard Wollny

Auf größeren DDR-Bahnhöfen war es üblich, daß die Transportpolizei bei Fernzügen das reibungslose Ein- und Aussteigen der Reisenden überwachte. An diesem 23. Mai 1976 fand es die Transportpolizei im Bahnhof Aue für würdig, den Nahverkehrszug Zwickau–Johanngeorgenstadt in Empfang zu nehmen.
Foto: Burkhard Wollny

Ebenfalls zu den operativen Feststellungen gehörte ein bemerkenswerter Bericht vom 23. Mai 1976: »W. wurde gemeinsam mit Schlipf am 23.5.1976 im Kreis Zwickau bei Niederweißbach kontrolliert, als beide sich in der Nähe von Bahnanlagen aufhielten, fotografische Aufnahmen von den Bahnanlagen und des Zugverkehrs anfertigten. Die Intensität ihrer Handlungen wird dadurch unterstrichen, daß nach ihrem Auftreten in Niederweißbach diskutiert wurde, daß eine neue Eisenbahnstrecke gebaut werden würde.« Die Intensität unserer Handlungen galt dem G 12-geführten Güterzug...
Foto: Dieter Schlipf

Zwar taucht hier der Name Wollny nicht auf, doch da wir ja als Gruppe bearbeitet wurden, zählten selbstredend alle Mitglieder unseres Zirkels zu den verdächtigen Personen. Auf diesem Sachstandsbericht von Oberleutnant Joachimsthal sowie auf den bis dahin erarbeiteten operativen Feststellungen fußten die zu ergreifenden Maßnahmen, die zur »Klärung des Sachverhaltes und zur Erarbeitung überprüfter Informationen« dienen sollten:
»1. Rücksprache mit der Abteilung VI der Bezirksverwaltung (BV) Gera mit dem Ziel, die Bearbeitung der Personen Wollny und Franz zu koordinieren, den gegenwärtigen Stand der Bearbeitung dieser Personen auszutauschen, Maßnahmen zur koordinierten Bearbeitung des gesamten Materials zwischen beiden Diensteinheiten zu vereinbaren. Ferner Rücksprache mit der Hauptabteilung HA XIX (Verkehr, Post, Nachrichtenwesen, unter Generalmajor Edgar Braun) mit dem Ziel, zu überprüfen, ob diese Personen beim Modelleisenbahnerverband der DDR bekannt sind, ferner zu überprüfen, ob es Möglichkeiten zur Klärung der Frage, ob diese Modelleisenbahner in Westberlin sind, gibt. Einleitung von Maßnahmen bei der HA VIII (Beobachtung, Ermittlung unter Generalmajor Karli Coburger) zur Beobachtung dieser Personen bei Einreisen in die DDR. Einsatz des IM (Inoffiziellen Mitarbeiters) »Reinhold« zur Überprüfung der Wohnanschriften der Personen in Westberlin und zur fotografischen Sicherung dieser Objekte. Überprüfung der Möglichkeiten zum Einsatz eines IM der Abteilung aus dem Operationsgebiet zur offensiven Bearbeitung der Personen. Überprüfung der Einsatzmöglichkeiten des IMS (Inoffizieller Mitarbeiter, der mit der Sicherung eines gesellschaftlichen Bereichs oder Objekts beauftragt ist) »Jutta Olsen« (Mitarbeiter im Ministerium für Verkehrswesen der DDR) mit dem Ziel der Anschleusung an diese Personen.(Leider hat damals die Anschleusung mit Jutta nicht geklappt! der

Der Sommer 1976 war die letzte Einsatzperiode der G 12, insofern war die »Intensität unserer Handlungen« leicht erklärlich. Am 12. Juni 1976 fotografierte Dieter Schlipf 58 1345, als sie an der Stützmauer vor Antonsthal entlangkachelte.

Autor) Rücksprache mit dem Leiter des Ref. 7 der Abteilung Speicherführung der HA VI zur Erarbeitung einer aussagefähigen Analyse der Reisetätigkeiten dieser Personen. Nach Realisierung vorgenannter Maßnahmen erfolgt eine Zwischeneinschätzung zum Stand der Bearbeitung und die Erarbeitung eines neuen Maßnahmeplanes.

Verantwortlich für alle Maßnahmen: Genosse Oberleutnant Joachimsthal«

Diese Maßnahmen wurden dann tatsächlich auch eingeleitet und offenbar weiterbetrieben, denn am 31. August 1976 berichtet ein Aktenvermerk des Mitarbeiters der Hauptabteilung VI, Abteilung 1, Genosse Hauptmann Krause, über die bisherigen Ergebnisse:

»Bisher konnte keine Klärung des Sachverhaltes erreicht werden. Die aufgestellte Version des Verdachtes einer nachrichtendienstlichen Tätigkeit ist zwar nach wie vor aktuell, jedoch bisher in keiner Weise erhärtet worden. Eine strafrechtliche Wertung des Materials ist gegenwärtig nicht möglich. Es gibt keinerlei Verstöße gegen das Transitabkommen bzw. gegen die Zoll-

Ebenfalls am 12. Juni 1976 zieht 86 001 einen Güterzug über das Markersbacher Viadukt. Die Stahlfachwerkbrücke wurde von der Königin-Marienhütte in Zwickau und dem königlichen Sektionsingenieur-Bureau Schwarzenberg 1888/1889 erbaut. Seit Herbst 1997 ist die Strecke stillgelegt.
Foto: Dieter Schlipf

bestimmungen der DDR. Mit Anlegen der OPK wurden eine Reihe operativer Maßnahmen, auch wichtige Maßnahmen eingeleitet und zum Teil realisiert. Neue Erkenntnisse wurden jedoch nicht gewonnen.«

Immerhin kamen also auch die mißtrauischen Genossen schon ziemlich früh zu dem Ergebnis, daß wir zwar auffielen, jedoch ansonsten kein Unrecht begangen hatten. Hätten die Verantwortlichen diesen Aktenvermerk ernstgenommen, wäre ihnen viel Arbeit erspart geblieben. Einstweilen jedoch ging das Ermitteln und operative Vorgehen munter weiter. Genosse Krause selbst schlug, ungeachtet seiner Einschätzung, vor, daß die eingeleiteten Maßnahmen auch zielstrebig bis zu Ende geführt werden sollten. Schwerpunkte müßten der Einsatz der IM und die Observationsmaßnahmen bilden. Erst nach Vorlage der Ergebnisse dieser Maßnahmen könne eine konkretere Wertung des Sachverhaltes vorgenommen und eine richtige Entscheidung über die weitere Bearbeitung der OPK bzw. über deren Abschluß oder über eine evtl. Übergabe des Materi-

»Das Motiv der Einreise – Fotografieren alter und moderner Eisenbahnen – scheint glaubwürdig…« – Zweifellos zur alten Eisenbahn gehörte am 25. Juli 1976 die G 12 mit ihrem Güterzug, die zwischen Lößnitz und Zwönitz die Steigung in Richtung Karl-Marx-Stadt (Chemnitz) bezwingt.
Foto: Burkhard Wollny

als an die Linie XIX getroffen werden. Bis zum 30. 11. 1976, so Krause, könnten alle geplanten Maßnahmen realisiert sein, dann könne eine Entscheidungsfindung stattfinden.

Schon zwei Wochen vorher, am 13. August 1976, hatte Oberleutnant Joachimsthal in einem Aktenvermerk festgehalten, daß am 10. August 1976 in der Modelleisenbahner-Kartei der HA XIX/2 die Person Kuom erfaßt sei. Die Information stammte von Genosse Schepukat. Schepukat gab auch den Hinweis, daß Kuom wirklich Modelleisenbahner sei und auch in der Vergangenheit als solcher in Erscheinung getreten war. Auch die Ausrüstung von Modelleisenbahnern mit mehreren Fotoapparaten sei nicht ungewöhnlich. Schließlich wies er darauf hin, daß es im Verkehrsmuseum Dresden einen guten IM gebe, »der zur weiteren Aufklärung der uns interessierenden Personen genutzt werden könnte.«

Doch weder die Fortführung der eingeleiteten Maßnahmen noch der »gute IM« aus Dresden schienen neue Erkenntnisse zu Tage gefördert zu haben. Und so fertigte Genosse Oberleutnant Joachimsthal am 9. Dezember 1976 einen Abschlußbericht an.

Er stellte unter anderem fest:

»Durch gezielte Abschöpfungsgespräche an den GÜST (konnte) erarbeitet werden …, daß die Personen Eisenbahn-Hobby-Freunde sind und alte sowie moderne Züge der Reichsbahn fotografieren. Ferner gibt es kein Verbot, Reichsbahnanlagen zu fotografieren. In der entsprechenden Bestimmung der Reichsbahn heißt es dazu, daß von allen öffentlich zugänglichen Stellen Reichsbahnanlagen fotografiert werden können. Die vorgesehene Anschleusung eines IM an die bekannten Personen gelang nicht. Im Rahmen der operativen Personenkontrolle konnte nicht nachgewiesen werden, daß die Personen feindliche Handlungen gegen die DDR unternehmen. Das Motiv der Einreise – Fotografieren alter und moderner Eisenbahnen – erscheint glaubwürdig und wurde nicht entkräftet. In den genannten Einreiseorten bzw. der näheren Umgebung gibt es Schmalspurbahnen sowie auch hochmoderne Einrichtungen der Reichsbahn. Es wird deshalb vorgeschlagen, die genannten OPK einzustellen und das vorhandene Material im Archiv zur Ablage zu bringen.
Joachimsthal, Oberleutnant«

War das nun das Ende der OPK? Aber nicht doch. Der Vorgang war mittlerweile zu einem Selbstläufer geworden. Parallel zu den Vorgängen in Berlin wurde auch in Potsdam eine Akte über uns geführt, zuständig für diese war ein Hauptmann Ansorge. Unabhängig von Oberleutnant Joachimsthal interessierte auch er sich für uns Eisenbahnfreunde und unser Treiben. Und während Joachimsthal durchaus folgerichtig seinen Worten Taten folgen ließ und die Akte in Berlin schloß, bekam man in Potsdam davon bedauerlicherweise nichts mit. Und so betrieb Hauptmann Ansorge weiterhin mit Nachdruck den Nachweis einer staatsfeindlichen Tätigkeit des Autoren und seiner Hobbykollegen. Mit welchen Folgen, das zeigen die folgenden Kapitel.

Einem Regenguß ist die Spiegelung der 58 1800 am Bahnsteig in Aue zu verdanken. Mit diesem Bild verabschieden wir uns vom Jahr 1976 und von der G 12 im Erzgebirge.
Foto: Burkhard Wollny

»Spione mit echter Legende«

1977

Am 25. April 1977 erregte unser Treiben den Argwohn des Genossen Fritz Pohl, als wir uns in der Umgebung von Berlin aufhielten und fotografierten. Das Foto zeigt einen Schnellzug nach Dresden, Zuglok ist eine 01.5.
Foto: Burkhard Wollny

Von all den Vorgängen in den diversen Dienststuben wußten wir damals natürlich nichts, sonst hätten wir unsere Reisetätigkeit möglicherweise reduziert. So aber ging unsere Dampflokpirsch munter weiter und wir begannen das neue Jahr so, wie wir das alte abgeschlossen hatten – mit Exkursionen nach Thüringen und Sachsen. Da die Akte in Berlin wie berichtet »im Archiv zur Ablage« gebracht wurde, fußen die weiteren Ausführungen im Folgenden größtenteils auf den Aufzeichnungen der Potsdamer Dienststelle unter Hauptmann Ansorge. Darüber hinaus waren natürlich auch die Grenzbehörden weiterhin aktiv, insbesondere aus Hirschberg tauchen immer wieder Hinweise und Belege auf – aber wen wundert es? Dort waren wir schließlich mittlerweile bekannt „wie ein bunter Hund".

Schon im Januar 1977 wurde die „schreibende Zunft" des Grenzzollamtes Hirschberg wieder aktiv und fertigte am 29. Januar 1977 einen Kontrollbeleg. In der Spalte »Feststellungen/Beanstandungen« wird einmal mehr kundgetan, daß die Person, in diesem Fall war ich selbst gemeint, eine umfangreiche Fotoausrüstung mitführte (nämlich, zusammen mit meinem Beifahrer, insgesamt 9 Fotoapparate, 16 Objektive, 2 Stative, 32 Filme á 36 Aufnahmen und 5 Filme 6x6 mit 12 Aufnahmen).

Offenbar wurden die in den Akten festgehaltenen Einschätzungen von den verschiedenen Organen nicht oder nur flüchtig gelesen, sonst hätte der Schreiber dieses Kontrollbelegs wissen müssen, daß seine Berliner Kollegen diese Ansammlung von Fotomaterial zwar für ungewöhnlich hielten, aber letztlich erkannten, daß der fotografische Aufwand im Einklang stand mit unserem angegebenen Zweck der Reise. Immerhin beschränkte sich der Beleg darauf, diesen Sachverhalt festzustellen, Schlüsse wurden daraus vorerst keine gezogen. Schließlich entnehmen wir dem selben Beleg, daß wir am darauffolgenden Tag erneut einreisen wollten, daß wir 400 DM Zahlungsmittel mitführten und der Kilometerstand unseres Autos exakt 3728 km betrug – ach ja, unser Verhalten war „dem Autor" eine eigene Erwähnung wert: wir »verhielten uns während der Kontrolle höflich und zuvorkommend«.

»Umfangreiche Fotoausrüstung« – Bei diesem Anblick wird dem Betrachter klar, daß solch ein massiver Angriff mit mindestens 10 Kameras auf nur einen Zug »drüben« Aufmerksamkeit erregen mußte. Hermann Kuom und Karsten Risch warten in einem Waldstück bei Angelroda auf einen Dampfzug.
Foto: Burkhard Wollny

Wir waren an jenem Tag übrigens mit zwei Autos unterwegs: während im einen PKW ich selbst und mein Kollege Franz saßen, waren im zweiten Fahrzeug Karsten Risch und Hermann Kuom unterwegs. In dieser Besetzung reisten wir am 29. Januar über Hirschberg ein, und für den 30. Januar hatten wir die gleiche Aufteilung geplant. Detaillierter als der eben zitierte »Kontrollbeleg« berichtet darüber ein zusammenfassender Sachstandsbericht über die Reisetätigkeiten. Als Autor zeichnet ein Oberleutnant Motzner vom III. Zug der PKE Hirschberg verantwortlich, den ich im Folgenden zu Wort kommen lassen möchte:

»Beide WB-Bürger (Risch und Kuom, Bürger aus West-Berlin) gaben bei der Zollkontrolle an, in Saalfeld Reichsbahnanlagen und Lok's fotografiert zu haben. An Fotoausrüstung wurde folgendes mitgeführt: 6 Fotoapparate, 13 Objektive, 2 Stative. Von diesen Bürgern wurde geäußert, daß sie 3 Filme 6x6 verbraucht hätten. Sie traten bei der Kontrolle höflich und zuvorkommend auf. Beide, so wurde einge-

schätzt, haben ein unsauberes Äußeres. Sie wollen am 30.1.1977 wieder nach Saalfeld einreisen. Der Risch hatte noch 370 DM bei sich. Bei der Staatsbank an der GÜST wurden 40 Mark deponiert. Am Kfz wurden keine baulichen Veränderungen festgestellt. Beiden Berechtigungsscheinen, die die Reisenden vorlegten, konnte entnommen werden, daß am 30.01. und 31.01.77 weitere Einreisen nach Saalfeld geplant sind. Der gesamte Aufenthalt an der GÜST betrug 14 Minuten, 10 Minuten bei GZA und 4 Minuten bei PKE.«

Über mich und meinen Kompagnon im zweiten Auto ist zu lesen:

»Die beiden Insassen äußerten, daß sie Hobbyfotografen wären. Am 29.1.1977 wurden von ihnen vier Filme belichtet (6x6 mit 12 Aufnahmen). Auch diese WB-Bürger traten höflich und zuvorkommend auf. Beide führten folgende Fotoausrüstung mit: 9 Fotoapparate, 16 Objektive, 2 Stative und 37 unbelichtete Filme. Der Wollny äußerte zum GZA-Kontrolleur, daß er am 30.1.1977 wieder einreist. Beide zusammen führten 400 DM bei der Ausreise noch mit. Am Kfz keine baulichen Veränderungen, der Kilometerstand bei der Ausreise betrug 3728. Vom Franz wurde dem Kontrolleur die Frage gestellt, ob er in den Intershop gehen könnte. Dieses wurde verneint. Kontrolle bei GZA 10 Minuten, bei PKE 3 Minuten. Das Verhalten der vier WB-Bürger bei der Ausreise ist so einzuschätzen, daß keine Anhaltspunkte einer Zusammengehörigkeit zwischen beiden Pkw beobachtet wurde. Der Pkw B-AP 7840 kam ca. 10 Minuten früher zur Ausreise und hatte bei Beginn der Kontrolle des ES-XX 741 die GÜST in Richtung BRD (Bundesrepublik Deutschland) gerade verlassen.«

Jetzt wissen wir also alles ganz genau. Es ist schon immer wieder erstaunlich, mit welcher Akribie die Organe uns beobachteten. Umso seltsamer und nicht ohne Pikanterie ist es daher, daß ihnen ein ganz wesentlicher Punkt offenbar völlig entging: Aus meinen Tagebuchnotizen geht nämlich zweifelsfrei hervor, daß wir an jenem 29. Januar 1977 nicht in Saalfeld waren. Stattdessen besuchten wir die Schmalspurstrecke Wolkenstein–Jöhstadt im Erzgebirge. Ich schließe daraus, daß wir im Landesinneren nicht observiert wurden, denn sonst wäre der angebliche Aufenthaltsort Saalfeld wohl als „Schwindel“ aufgeflogen.

Und am 30. Januar 1977 entschieden wir uns kurzfristig für ein Alternativprogramm: statt nach Saalfeld fuhren wir spontan nach Ludwigsstadt an der Frankenwaldbahn. Zwar waren wir dort nur wenige Kilometer von Saalfeld entfernt, aber wir blieben diesseits der Grenze, weswegen wir auf die „besondere Fürsorge“ der Organe an diesem Tag verzichten mußten.

Während wir also am 29. Januar völlig unbehelligt auf DDR-Territorium agierten, hatten wir bei einem der nächsten Besuche wieder einen „Schatten“. Die Akte nennt den 25. April 1977, der Ort der Handlung war Blankenfelde an der Strecke Berlin–Dresden. Wir widmeten den ganzen Tag dieser Strecke, wegen des Sonnenstandes (Sonne im Rücken des Fotografen) begannen wir die Fototour morgens in Blankenfelde, zogen dann weiter, um am Abend die Abendsonne wiederum in Blankenfelde zu genießen.

Dort wurden wir von einem Fritz Pohl beobachtet. Er beließ es nicht beim bloßen Beobachten, sondern fertigte sogar einige Farbdias von unserem Treiben an. Leider sind ihm diese gründlich mißraten: „dank“ falsch eingestellter Belichtungszeit sind sie von großer Unschärfe und im Grunde völlig unbrauchbar. Dennoch hängen diese Dias in der Akte bei der Gauck-Behörde! Daß er seinen wertvollen Farbdiafilm nicht aus freien Stücken dahingab, geht aus dem nachfolgend zitierten Bericht hervor:

»Kreisdienststelle Zossen
Zossen, 29. April 1977
Sa/Ba

Abschrift eines Berichtes
Blankenfelde, 25.4.1977

Um 10.30 stellte ich fest, daß vor meinem Haus, Glasower Damm 2, ein Westauto stand. Ich stellte fest, daß es sich um einen BMW orange-farbig handelte. Ich ging sofort zum Treppenhaus, um das Kennzeichen festzustellen. Das Kennzeichen lautet ES-XX 741. Dabei sah ich im Wageninnern 2 männliche Insassen im Alter von 30-35 Jahre, sie studierten Landkarten. Von meiner Wohnung nahm ich die Beobachtung auf. Nach kurzer Zeit verließen beide den Wagen in Richtung Mahlow. Der Beifahrer trug 2 Specialkameras mit sich (eine kann auch eine Filmkamera gewesen sein). Auf der sogenannten Holzbrücke fotografierte der Beifahrer, er war mit einer dunkelgrünen Windjacke gekleidet. Nach einer Weile kam der Fahrer (schwarzes Jacket, schwarzen Hut mit breiter Krempe) zum Auto zurück und entnahm dem Wagen ebenfalls eine Kamera und ging zur Holzbrücke, ob auch er photografierte konnte ich nicht sehen. Ich rief die Dienststelle an unter meinem Namen. Nach kurzer Zeit rief die Dienststelle zurück, der Offz. vom Dienst schlug vor Photoaufnahmen zu machen. Als ich zum Treppenhaus mit meiner Kamera kam, kamen die 2 männlichen Personen zum Auto zurück. Sie studierten wiederum 2 oder 3 Landkarten und fuhren um 11.02 Uhr in Richtung F 96 ab. Der Funkstreifenwagen kam leider 2-3 Minuten zu spät.

Fritz Pohl«

03 2067 auf dem Berliner Außenring am 25. April 1977. Dieses vergleichsweise harmlose Foto weckte die Neugier von Fritz Pohl, der darauf mein Auto mit einer 1/15 sec. unscharf fotografierte und sogleich die Volkspolizei über unser Verhalten informierte.
Foto: Stephan Franz

Am gleichen Tag entstand am Südring das Foto von 03 2083 mit einem Personenzug.
Foto: Burkhard Wollny

Wieder einmal hatten wir also Glück gehabt, 2-3 Minuten trennten uns von einem Treffen mit der Volkspolizei. Nun, wir gaben ihr ja eine zweite Chance, da wir am Abend wieder nach Blankenfelde kamen. Dieses Mal war es nicht Fritz, der sich mit uns in Verbindung setzen wollte, sondern der Volkspolizist Stange. Auch von ihm gibt es einen Bericht, der sich folgendermaßen liest:

»BV Potsdam (Abschrift)
Potsdam, den 19.08.77

Abt. XIX

Bericht
Am 16.08.1977 in der Zeit von 13.00 Uhr-17.00 Uhr wurde der Angestellte des VPKA Zossen, Abt. K Stange in seiner Wohnung aufgesucht. Zielstellung des Gespräches bestand in der Konkretisierung des Sachverhaltes – West Pkw–»Anfall« (Hervorhebung d. d. Aut.) am SAR Glasower Damm am 25.04.1977. Hierzu machte der St. folgende Angaben:
Als er am 25.04.1977 mit seinem Dienst-Pkw (ziviles Kennzeichen, Typ Trabant 601-Limousine) sich auf einer Dienstfahrt von Zossen nach Mahlow auf der F 96 befand, empfing er einen Funkspruch vom VPKA Zossen. In diesem wurde darauf hingewiesen, daß sich im Kreis Zossen ein West-Pkw Typ BMW polizeiliches Kennzeichen ES-XX 741 mit zwei männlichen Personen aufhält und die Insassen Eisenbahnanlagen fotografieren. Unmittelbar auf der Eisenbahnunterführung der F 96 zwischen dem Ort Glasow und Güst Mahlow gegen 17.10 Uhr stellte St. das obengenannte Fahrzeug auf der rechten Fahrbahnseite fest. Am Fahrzeug befanden sich 2 männliche Insassen. Eine der männlichen Personen war gerade damit beschäftigt, eine Filmkamera mit Pistolen-

griff ins Futteral zu verpacken. Als der St. etwa 150 m weiter sein Fahrzeug zum Halten brachte um zum Zwecke der Kontrolle der beiden Insassen zurückzufahren, fuhr der West-Pkw in schneller Fahrt an ihm in Richtung Güst Mahlow vorbei. Weitere Einzelheiten zum genannten Sachverhalt waren dem St. auf Grund der zurückliegenden Zeit nicht mehr in Erinnerung.

gez. unleserlich«

Wieder Pech für die Polizei... Wenn man die Erfolge beider Seiten miteinander vergleicht, waren wir die klaren Sieger, denn wir waren nicht nur der Begegnung mit der Polizei entgangen, sondern wir kehrten auch mit einer ansehnlichen Ausbeute an Fotos zurück. Für uns war es ein erfolgreicher Tag gewesen, für die Ordnungshüter wohl weniger.
Erst zwei Stunden nach dieser Beinahebegegnung mit VP Stange wurden wir am Grenzübergang gesichtet. Um 19.00 Uhr passierten wir die GÜST Invalidenstraße. Für die Akte war der Tag sehr ergiebig,

Am 24. April 1977 fuhren wir mit dem Zug nach Dresden. Auf der Rückfahrt war 01 050 unsere Zuglok. Wir sehen sie im Dresdner Hauptbahnhof (Foto: Stephan Franz) und aus dem Zugabteil fotografiert bei der Ausfahrt aus Dresden-Neustadt. Foto: Burkhard Wollny

denn auch an der Grenze wurde selbstredend wieder eine Notiz über mich erstellt. Darin wurde festgestellt, daß wir am Morgen des 25. 4. 1977 um 10 Uhr über den Grenzübergang Invalidenstraße eingereist waren und unser Auftreten im Bereich Glasower Damm gegen 11.00 Uhr feststehe. Weiter hieß es, daß wir entgegen unseres angegebenen Reisezieles fotografische Dokumentationen von Reichsbahnanlagen im Kreis Zossen angefertigt hätten

Bei der Durchfahrt in Elsterwerda aus Richtung Dresden hieß es: alle Augen links. Dort nämlich lag das Bw. Wir sehen zwei Altbau 52er, nämlich 52 1361 und 52 7309 im Schuppen, und 52 8020 an der Drehscheibe abgestellt. Das Bw wurde Ende 1997 ein Raub der Flammen, als ein Tankzug entgleiste. Foto: Burkhard Wollny

und unser tatsächlicher Aufenthaltsort vom angegebenen Reiseziel (Dresden) ca. 250 km entfernt liege.

Schließlich hielt das Papier fest, daß ich gemeinsam mit Franz und Müller am 23.4.1977 mit dem Pkw ES-XX 741 eine Reise nach Dresden und am 24. 4. 1977 eine weitere Reise nach Dresden per Eisenbahn durchgeführt hatte.

Und so ging das Ermitteln, Einschätzen, Feststellen und Protokollieren munter weiter. Am 15. Mai 1977 war wieder die PKE Hirschberg, II. Zug, an der Reihe. Dort erschienen im Morgengrauen um 5.40 Uhr die Herren Wollny, Müller und Franz mit der Absicht, als Touristen mit dem Ziel Dessau einzureisen. In diesem Fall war das Mißtrauen gar nicht unberechtigt, denn eigentlich wollten wir in den Thüringer Wald, um dort zu fotografieren. Dessau war für unsere Zwecke gar nicht interessant genug, wir hatten einfach einen beliebigen Ort angegeben, wie wir es häufig taten: Der beantragte Ort hatte ohnehin immer nur die Funktion als Wahlort für das Visum. Ob wir dahin wollten, wurde je nach Wetterlage kurzfristig entschieden. Als Grund für unsere Einreise gaben wir wahrheitsgemäß an, Bahnanlagen und Lokomotiven fotografieren zu wollen.

Des weiteren berichtet das Papier sehr detailliert über unsere Fotoausrüstung, ehe es hochinteressante Ausführungen über unser Verhalten an der Grenze preisgibt:

In der Ausreise hatten die o.g. Personen 44 belichtete Filme ausgeführt. Beifahrer Franz erkundigte sich beim GZA, ob es möglich ist, für Verwandte in Leipzig Badezimmer-Kacheln mit einzuführen. Er will sie in nächster Zeit mitbringen. Festgestellt wurde, daß 101 Kilometer auf dem Gebiet der DDR gefahren wurden. Zum Verhalten der Personen wurde festgestellt: Müller verhielt sich grundsätzlich nicht an Gesprächen mit den GZA-Kontrolleuren und geht jedem Kontakt aus dem Wege. Bei der Kontrolle verhält er sich ruhig und hält sich abseits. Wollny und Franz verhalten sich ruhig und kommen allen Verfügungen nach. Sie bemühen sich in keiner Weise aufzufallen. Wollny legte bei der Einreise einen Berechtigungsschein zum Empfang eines Visums vor, aus dem die Einreise vom 14.5.1977 nicht ersichtlich wurde. Auf die entsprechende Frage brachte er einen zweiten Berechtigungsschein mit der Einreise vom vorigen Tag. Wollny benutzte die Scheine, in dem sie abwechselnd vorgelegt werden und die Reihenfolge der Einreisen nicht zu erkennen ist. Bei der Staatsbank wurden durch Müller und Franz je Mark 13 und Mark 26 hinterlegt. Ausreise 19.20 Uhr.«

Trotz unseres Bemühens, »in keiner Weise aufzufallen« waren wir auffällig genug, um einen derartigen Aufwand zu rechtfertigen; Oder anders ausgedrückt: Das Bemühen, in keiner Weise auffallen zu wollen, war offenbar besonders auffällig.

Zuggegeben, mein „Jonglieren" mit verschiedenen Berechtigungsscheinen trug natürlich leicht konspirative Züge. In der Tat hatte ich mehrere Neuner-Berechtigungsscheine beantragt, auf denen verschiedene Orte angegeben waren, die je

nach Bedarf in Anspruch genommen wurden.
Ebenfalls wie in einem Agentenfilm, aber offenbar unbemerkt, blieb unser Umgang mit dem DDR-Geld. Bei jeder Einreise fiel ja der »Zwangsumtausch« von DM 25,- in Mark der DDR an. Obwohl wir nicht im »Arbeiter- und Bauernstaat« wohnten, zählten wir uns zur arbeitenden Klasse, so daß für unsere Exkursionen häufig das Wochenende herhalten mußte. Oft entschieden wir uns erst am Freitagmittag für eine Wochenend-Tour in die DDR. Das hatte zur Folge, daß wir in der DDR regelmäßig Probleme bekamen, das umgetauschte Geld auszugeben. Die Läden hatten entweder zu oder nichts zu verkaufen – und wenn doch, so hatten wir keine Zeit zum „Shopping". „Essen gehen" war ebenfalls keine echte Alternative, denn wir hätten gar nicht soviel essen können, wie wir Geld besaßen: Ein Tee kostete 78 Pfennig, ein Essen ohne Sättigungsbeilage 3,19 DM.
So blieben uns zwei Möglichkeiten: Entweder hinterlegten wir, wie oben beschrieben, das Geld an der Grenze bei der Bank. Dies war natürlich wieder mit einem gewissen Verwaltungsaufwand verbunden, von der Wartezeit am Bankschalter einmal ganz abgesehen. Um dies zu umgehen, griffen wir verschiedentlich zur Seeräuber-Methode. Wir vergruben unsere Barschaft. Freilich hatte auch das Vergraben einen Nachteil: man machte sich im Wald beim Buddeln von Löchern verdächtig. Einmal hatten wir unser kostbares DDR-Geld bei Plauen in einem Wald neben der Straße vergraben. Einige Zeit später wurde der Wald kurzerhand abgeholzt. Fairerweise muß gesagt werden, daß dies nicht wegen unseres Geldes geschah... Diese Rodungsaktion hatte allerdings zur Folge, daß wir die Stelle nie mehr wiedergefunden haben. Wir hatten seinerzeit das Geld in Plaste-Filmdosen verpackt und es ist daher nicht unwahrscheinlich, daß es noch immer im Erdreich schlummert. Mittlerweile hat sich das Geld im Erdboden sicher verzinst und dem ehrlichen Finder winkt ein Goldschatz...
Doch nach diesen „Ausflügen" will ich wieder die Akte selbst zu Wort kommen lassen. Nach allen bis dahin »erarbeiteten« Erkenntnissen sah sich die Hauptabteilung XIX, Abteilung III/3 des Ministeriums für Staatssicherheit in der Lage und genötigt, den ganzen Vorgang etwas grundsätzlicher anzugehen. Es ging nun nicht mehr nur um die Herren Wollny und Konsorten und ihr (mittlerweile ja aktenkundig gemachtes) harmloses Treiben, nein, das Ganze bekam nun eine politische Dimension. Eine Aktennotiz vom 18. Juni 1977 berichtet über »Kontaktpolitik, Einreisetätigkeit aus dem NSW (nichtsozialistisches Wirtschaftsgebiet) und Erscheinungsformen der Feindtätigkeit auf dem Gebiet des Modelleisenbahnhobbys«. Die darin enthaltenen Aussagen über das Hobby Modelleisenbahn sind so bemerkenswert, daß ich sie dem geneigten Leser hier nicht vorenthalten möchte:

Wir bleiben noch für zwei Aufnahmen an der Hauptbahn Berlin–Dresden. Hinter Großenhain bot sich von erhöhtem Standpunkt aus regelmäßig das Schauspiel eines vorbeibeschleunigenden D-Zuges nach Dresden. 01 118 ist hier die Akteurin vor der Kulisse eines heraufziehenden Gewitters.
Foto: Burkhard Wollny

15

Hauptabteilung XIX
Abteilung III/3

Berlin, den 18. 06. 77

Kontaktpolitik, Einreisetätigkeit aus dem NSW und Erscheinungsformen der Feindtätigkeit auf dem Gebiet des Modelleisenbahnhobbys

Das Modelleisenbahnhobby ist dadurch charakterisiert, daß es sich mit dem wichtigsten Verkehrsträger, dem Eisenbahnwesen, bis ins Detail vom historischen Ursprung bis zu den perspektivisch konkret bestimmbaren Entwicklungstendenzen direkt befaßt.
Im DMV der DDR sind gegenwärtig 5500 Modelleisenbahner organisiert, wovon etwa 4000 aktiv sind. Die tatsächliche Anzahl der Modelleisenbahnanhänger der DDR wird auf etwa 10.000 Personen geschätzt. Der DMV der DDR ist der zweitgrößte Modelleisenbahnverband Europas.
Größter Modelleisenbahnverband in Europa ist der "Bundesverband Deutscher Eisenbahnfreunde e.V." der BRD, der am 1.5.77 angab 10.000 organisierte Mitglieder zu haben.

Ein Großteil von Modelleisenbahnanhängern ist bestrebt durch die Anknüpfung von Verbindungen zu gleichgesinnten Partnern im In- und Ausland ihre Hobbyleidenschaften zu befriedigen.
Im Rahmen der politisch-operativen Abwehrarbeit wurden der HA XIX/III/3 auf der Grundlage eines 1974 verwirklichten Neuerervorschlages zum Aufbau eines zentralen Erfassungs-, Analysierungs- und Auskunftssystem (Erfassung, Analysierung und Auswertung aller bekanntwerdenden Kontakte in das NSW, operativ interessanterKontakte in soz. Staaten sowie innerhalb der DDR und anderer operativ relevanter Hinweise) bis zum gegenwärtigen Zeitpunkt etwa 2.500 Modelleisenbahner der DDR und des NSW namentlich mit den verschiedenartigsten operativen Hinweisen bekannt, darunter etwa 1.000 Modelleisenbahner der DDR, die Kontakte in das NSW unterhalten. Schwerpunkte bei diesen Kontakten bilden Verbindungen nach der BRD, nach Westberlin, nach Österreich, in die Schweiz, nach den Niederlanden und nach Dänemark. In geringerer Anzahl sind Verbindungen nach Schweden, nach den USA und nach Großbrittanien vorhanden.
Aus diesen Personenkreis wurden bisher 106 operativ relevante Kontakte herausanalysiert, zu denen, soweit noch nicht vorhanden, die Einleitung politisch-operativer Maßnahmen bzw. eine Präzisierung operativer Bearbeitungs- und Kontrollprozesse notwendig ist.
Die bisher durch die Analysierung, die zur Zeit noch nicht vollständig abgeschlossen ist, bekanntgewordenen 106 operativ relevanten Kontakte sind durch folgende operativ-bedeutsame Merkmale charakterisiert:

-2-

1. Konspirierung der Verbindungen mittels folgender Methoden:
   - Postalische Übermittlung von Informationen über das Verkehrswesen der DDR nach einer bestimmten Systematik in das NSW (BRD, Österreich, Westberlin) unter Angabe pseudonymer Absender, mit teilweiser Aufgabe der Postsendungen außerhalb der Wohnorte der DDR-Partner.
   - Postalische Verbindungen bei denen Informationen über das Verkehrswesen der DDR übermittelt werden, werden über Dritte in der DDR, im soz. Ausland (CSSR, VR POlen, VR Ungarn), in der BRD und in Westberlin bei denen es sich in der Regel um Verwandte oder enge Hobbyfreunde des DDR-Kontaktpartners handelt, abgewickelt.
   - Treffen mit NSW-Kontaktpartner im soz. Ausland unter Ausnutzung des Visafreien Reiseverkehrs und bei privaten Touristenreisen.
   - Treffen mit NSW-Kontaktpartnern bei deren Einreisen in die DDR aus dienstlichen Gründen (Leipziger Messe u.a.) und bei privaten Besuchsreisen zu Verwandten.
   - Informations- und Materialaustausch unter Ausnutzung von Rentnerreisen nach der BRD und nach Westberlin von nahen Verwandten der DDR-Personen.
   - Anwendung von Deckadressen in der DDR und im NSW.
2. Mißbrauch des Brief- und Geschenkpaketverkehrs nach der BRD zum Austausch von Informationen und Materialien aus spekulativen Gründen.
3. Ausschleusung von Manuskripten und Einzelinformationen zum Zwecke der Veröffentlichung in BRD-Fachzeitschriften und in Einzelpublikationen.
4. Namentlich bisher noch nicht identifizierte Übermittler von Informationen über das Verkehrswesen der DDR nach der BRD.

Es kann als gesichert angesehen werden, daß der US-Geheimdienst das Modelleisenbahnhobby mißbraucht:

1. Durch die Abt. XIX Cottbus wurde 1970 im Rahmen eines Vorgang herausgearbeitet, daß ein Resident des US-Geheimdienstes in der BRD versuchte einen Modelleisenbahner der DDR zu kontaktieren jedoch wegen mangelnder Informationsbeschaffungsmöglichkeiten die Verbindung zu ihm abbrach.
2. 1973 wurde durch die Abt. II Leipzig ein Agent des US-Geheimdienstes inhaftiert. Die Verbindung war als Hobbyverbindung abgedeckt worden.
3. Durch die HVA IX wurde im Mai 1977 bekannt, daß sie eine aktive Feindverbindung zum US-Geheimdienst haben, die als Hobbyverbindung zu einem Mitarbeiter eines Verlages der BRD, der Autor von Hobbypublikationen ist, vom US-Geheimdienst abgedeckt wird. Bei dem DDR-Bürger handelt es sich um einen profilierten Modelleisenbahner.

-3-

4. Die Sicherheitsorgane der CSSR und der VR Ungarn wiesen mehrfach daraufhin, daß das Modelleisenbahnhobby vom US-Geheimdienst mißbraucht wird:

- Zum ehemaligen Chefredakteur der DDR-Fachzeitschrift "Der Modelleisenbahner", der 1958 die DDR-ungesetzlich verließ wurden den CSSR-Sicherheitsorganen von 1960 bis 1965 mehrfach Hinweise bekannt, daß dieser Verbindungen zum US-Geheimdienst hat und diesem DDR-Modelleisenbahner zuführt. Eine Klärung konnte bisher nicht erfolgen. Der Genannte betreibt zur Zeit eine Werbeagentur in Frankfurt/Main und hat Verbindungen in die DDR.
- Die Sicherheitsorgane der VR-Ungarn informierten in den 60ziger Jahren, daß ein ehemaliger Agent des US-Geheimdienstes seine Verbindungen über das namhafte BRD-Lokomotivbildarchiv BELLINGROTH under Verwendung dessen Namens und Anschrift abwickelte. BELLINGROTH hatte bis zu seinem Tod 1975 umfangreiche Verbindungen in die DDR zu Modelleisenbahnern.
- 1972 informierten die CSSR-Sicherheitsorgane, daß der US-Geheimdienst Interesse am Dachverband der nationalen europäischen Modellbahnverbände, dem MOROP-Verband, zeigt.

Der HA XIX/III/3 sind folgende zum gegenwärtigen Zeitpunkt laufende aktive Bearbeitungsprozesse zu Modelleisenbahnern, bei denen Verdachtshinweise zur Feindtätigkeit vorliegen, bekannt:

1. OPK der Abt. XIX Potsdam zu einem Westberliner DR-Angehörigen der Modelleisenbahner ist und der mittels Anwendung konspirativer Methoden Verbindungen zu DDR-Modelleisenbahnern mehrerer Bezirke unterhält.
2. OPK der BV Halle, KD Sangerhausen - Bearbeitung eines DDR-Modelleisenbahners auf Grund eines Hinweises der CSSR-Sicherheitsorgane wonach dieser Verbindungen zu einem BRD-Modelleisenbahner hat, der Verbindungen zum US-Geheimdienst haben soll.
3. OPK der Abt. XIX Cottbus zu einem leitenden Mitglied des DMV der DDR wegen umfangreicher undurchsichtiger Verbindungen in das NSW, die zum Teil konspiriert werden.
4. OPK der Abt. VI Neubrandenburg zu einem leitenden Mitarbeiter des BRD Modellbahnverbandes, wegen umfangreicher Verbindungen zu Modelleisenbahnern, die in der Nähe militärischer Objekte wohnen.
5. OPK der Abt. VI Neubrandenburg zu einer Gruppe Westberliner Modelleisenbahner, die im Verdacht stehen die Einreisen aus Hobbygründen in die DDR zur Feindtätigkeit auszunutzen.
6. Operatives Material der HA VI/Leitung zu einem Westberliner Reisebüro und Autoverleih, das nur im Rahmen des Modelleisenbahnhobbys in Erscheinung tritt, wegen vorliegender begründeter Verdachtshinweise, daß es sich um ein Tarnunternehmen eines Geheimdienstes handelt.

-4-

Zu den vorgenannten operativen Materialien konnten durch die HA XIX/III/3 auf der Grundlage der eingespeicherten Daten 1977 operativ bedeutsame Hinweise gegeben werden, die eine Präzisierung der operativen Bearbeitungsprozesse ermöglichten bzw. in den nächsten Wochen ermöglichen. Positiv wirkte sich hier insbesondere der Informationsaustausch zu Erscheinungen auf dem Gebiet des Modelleisenbahnhobbys mit den Abteilungen XIX der Linie, der HA VI und anderen Diensteinheiten aus.

Auf Grund von zwei Neuerervorschlägen der HA XIX/III/3 wurden 1976 und 1977 folgende Maßnahmen, die eine Erhöhung des Nutzeffekts der politisch-operativen Abwehrarbeit unter Modelleisenbahnern zum Ziel hatten wirksam:

1. Einführung einer einheitlichen Tauschregelung für Modelleisenbahnerzeugnisse mit Kontaktpartnern im NSW mit dem Ziel bestehende Kontakte aus der Annonymität zu holen, sie offiziell zu dokumentieren und für die pol.-op. Abwehrarbeit zu nutzen.
   Eine Analyse der seit 1.1.77 wirksamen Regelung zeigte folgende erste Ergebnisse:
   Die bestehenden Kontakte übersteigen wesentlich, die zuvor offiziell bzw. inoffiziell bekanntgewordenen Kontakte. Zum Beispiel bei 6 (von insgesamt 300 Arbeitsgemeinschaften des DMV der DDR) analysierten Arbeitsgemeinschaften der Bezirke Dresden und Karl-Marx-Stadt sowie der Hauptstadt der DDR ist zu verzeichnen:
   - bis 31.12.76 waren offiziell keine Kontakte in das NSW bekannt; inoffiziell waren zu 7 Personen insgesamt 15 Kontaktpartner im NSW namentlich bekannt.
   - bis 31.3.77 wurden zu dem gleichen Personenkreis offiziell zu 27 DDR-Modelleisenbahnern das Bestehen ständiger Verbindungen zu 62 Kontaktpartnern im NSW bekannt.

   Weiterführende Maßnahmen zur Vervollkommnung der eingeführten Regelung werden zur Zeit durch die HA XIX/III/3 geprüft. Ziel soll sein, die Neuanknüpfung von Kontakten mit NSW-Partnern operativ zu kontrollieren und zu steuern.
2. Seit 1976 werden auf der Grundlage eines Neuerervorschlages durch das Reisebüro der DDR im Zusammenwirken mit Reisebüros des NSW Eisenbahnhobbyreisen durch die DDR auf ausgewählten Eisenbahnstrecken organisiert. Die Zielstellung des Neuerervorschlages bestandt darin, unkontrollierte Einreisen aus dem NSW aus Hobbyinteressen zurückzudrängen und die operative Kontrolle über den Personenkreis während des Aufenthaltes in der DDR auszuüben. Seit 1976 kommen bei allen derartigen Reisen zuverlässige, überprüfte IM/GMS der HA XIX/III/3 und den Abteilungen XIX der Linie als "Fachbetreuer" zum Einsatz. Gleichzeitig werden diese IM/GMS auf der

-5-

-5-

BStU
000021

Grundlage einer 1976 zwischen der HVA IV und der HA XIX getroffenen Vereinbarung zur Lösung spezifischer Aufgaben für die HVA eingesetzt.
Der Einsatz der IM/GMS als "Fachbetreuer" erfolgte bisher bei

1976 6 Reisen mit 205 NSW-Teilnehmern
1977 8 Reisen mit 245 NSW-Teilnehmern.

Durch den Einsatz der IM/GMS konnten insgesamt zu

40 BRD- Modelleisenbahnern operativ interessante Hinweise zu Kontakten zu DDR-Modelleisenbahnern sowie zu operativ interessanten Verhaltensweisen erarbeitet werden;

8 BRD-Modelleisenbahnern im Realisierung spezifischer Aufgabenstellungen der HVA IV perspektivische Kontakte aufgebaut und gefestigt werden.

KOPIE

Seit 1972 ist eine stetige Zunahme der Einreisetätigkeit von NSW_Modelleisenbahnern, insbesondere aus Westberlin und der BRD, als Einzeltouristen und im Rahmen von privaten Besuchsreisen zu Verwandten und Modelleisenbahnern zu verzeichnen. Die Mehrzahl der Einreisen erfolgt mit dem Ziel die in der DDR im Verhältnis zur BRD noch relativ viel vorhandene alte Eisenbahntechnik (Dampfloks, Eisenbahnwagen, Schmalspur- und Nebenbahnen u.a.) zu fotografieren. Der Aufenthalt in der DDR erfolgt in der Regel unkontrolliert. Feststellungen über operativ-bedeutsame Verhaltensweisen erfolgten bisher zufällig. Die bisher vorliegenden Hinweise lassen die Schlußfolgerung zu, daß derartige Einreisen zur Feindtätigkeit genutzt werden:

1. Seit 1972 tritt eine lose organisierte Gruppe Westberliner Modelleisenbahner, die ca. 100 namentlich bekannte Personen umfaßt, durch umfangreiche touristische Einreisen aus Hobbygründen nach allen Bezirken der DDR in Erscheinung. Zu diesem Personenkreis ist bekannt:
   - Einreisen erfolgen in der Regel ohne Angabe eines personifizierten Reisezieles mit umfangreicher Fototechnik und Orientierungshilfen (Landkarten usw.) einzeln oder in Gruppen mit ständig wechselnder Zusammensetzung bis zu 5 Personen.
   - Es werden neben öffentlichen Verkehrsmitteln (nur Einzelreisenden Personen) ständig wechselnde Kfz, die einem Westberliner Reisebüro-und Autoverleih gehören benutzt.
   - Mitglieder halten sich gleichzeitig in verschiedenen Orten der DDR auf, wobei sich fast wöchentlich mehrerer Personen der Gruppe in der DDR aufhalten.
   - 70 DDR-Bürger wurden bisher namentlich als Einreiseziele angegeben, darunter auffallend viele

-6-

-6-

BStU
000022

Personen, die sich im Rentenalter befinden und die vorwiegend in Kleinstädten und auf Dörfern wohnen. Bei einem geringen Teil konnte bisher ermittelt werden, daß es sich um Angehörige von Mitgliedern des DMV der DDR bzw. um Mitglieder des DMV selbst handelt. Bei den Einreisezielen handelt es sich um Personen, die nicht im Blickpunkt der Sicherheitsorgane stehen und die alle nicht in der Abt. XII des MfS erfaßt sind.
   - Konzentrationen von Einreisen sind nach den Bezirken Potsdam (Kreise Nauen, Zossen, Potsdam), Cottbus, Neubrandenburg, Dresden, Karl-Marx-Stadt, Gera, Magdeburg, Schwerin vorhanden. Regelmäßige Einreisen erfolgen nach 84 Orten der DDR, die alle an Eisenbahnstrecken gelegen sind.
   - Alle Mitglieder der Gruppe halten sich betont auffällig bei Einreisen an die gesetzlichen Bestimmungen der DDR.
   - Es erfolgen Einreisen zu allen Großveranstaltungen des DMV, wobei die Einreisen als Einzeltouristen erfolgen (z.B. reisten am 14.5.77 13 Mitglieder der Gruppe einzeln zu einer Veranstaltung des DMV nach Dessau).

2. Durch die Abt. XIX Potsdam konnte im Zusammenwirken mit anderen Diensteinheiten festgestellt werden, daß 6 aus aus der BRD als Einzeltouristen in den Bezirk einreisende Modelleisenbahner militärische Anlagen und Objekte fotografierten.

3. Eine Analyse der HA XIX/III/3 ergab, daß ein Westberliner Modelleisenbahner, der ständig als Einzeltourist in die DDR einreist 1976 im Raum Kamenz, Königsbrück, Straßgräbchen-Bernsdorf (Bezirk Dresden) in dem sich eine Konzentration militärischer Objekte befindet, Eisenbahnanlagen fotografierte. Die Person war bereits 1972 durch das MfS inhaftiert worden, da er Militärtransporte fotografierte, mußte jedoch wegen fehlender Beweise aus der Haft entlassen werden. Er soll Verbindungen zum LfV unterhalten. Seit 1972 steht der betreffe nicht mehr unter operativer Kontrolle.

Unversehens waren wir mit dieser Aktennotiz also in Verbindung mit der CIA gebracht worden – bis heute bin ich unschlüssig, ob ich darüber lachen oder weinen soll. Ein kleines Detail am Rande soll nicht unerwähnt bleiben. Die Stasi spricht stets nur vom »Modelleisenbahn-Hobby« – nur: mit der Modelleisenbahn hatten wir eigentlich die ganze Zeit über nichts am Hut. Ob das den Herren nicht aufgefallen ist? Jedenfalls erfuhr die Angelegenheit durch die vermutete Nähe zur CIA jetzt eine für uns nicht ungefährliche Wendung. Denn bislang waren wir im Grunde nur auffällige, weil gegen das übliche Verhalten von Touristen verstoßende Personen gewesen. Jetzt aber wurden wir zu Staatsfeinden. Die logische Konsequenz war, daß ich als mutmaßlicher Geheimagent nun fest unter „standesgemäßer" Überwachung stand. Der Geheimdienst der DDR fertigte einen »Übersichtsbogen zur Operativen Personenkontrolle« an, mit dem die Staatssicherheit nun endgültig die Leitung und Koordinierung an sich zog. Gründe und Absichten dieser Maßnahmen gehen aus dem Dokument selbst hervor:

1	2	3	4	5	6	7	8	9	10	11	12	13	14	15	16	17	18	19	20

Bild

BStU 000075

(Aufnahmejahr)

Übersichtsbogen zur operativen Personenkontrolle

Name, Vorname: W o l l n y , Burghard

geboren am, in: 27.04.1950 Freiburg

wohnhaft: 1 Berlin 31, Hektorstraße 8

beschäftigt:

1. Entscheidung über das Einleiten

Hptm. Görisch (vorschlagender Mitarbeiter) — 29. Juni 1977 (Datum) — (Leiter)

2. Gründe für das Einleiten

W. ist hinreichend verdächtig, unter Mißbrauch der vertraglichen Regelungen über den Einreise- und Besucherverkehr (strafbar gem. § 97 StGB) zielgerichtet Aufklärungshandlungen an militärischen und reichsbahntechnischen Objekten begangen zu haben, indem er

- unter Nutzung der PKW ES-XX-741, B-AM-9919, B-PJ-475 und S-AK-9725 als sogenannter Hobbyeisenbahner in insgesamt 15 Kreise der DDR einreiste, in denen sich überwiegend Knotenpunkte schienengebundener Hauptmagistralen befinden,
- dort militärische Obhekte und Reichsbahnanlagen fotografisch dokumentierte.

3. Ziel der operativen Personenkontrolle

1. Erarbeitung von Informationen, die entweder der Realisierung des Hobbyinteresses des W. oder der Durchsetzung militärischer Aufklärung im Sinne des § 97 StGB dienen
2. Durchsetzen von Maßnahmen, indem der W. auf seine operative Nutzung hinsichtlich der Befehle 40/68 und 21/76 geprüft wird

4. Eingesetzte IM/GMS

IM v "Kleinbahn" — GMS — Koordiniert mit
IME "Leiter", "Helfer"
IMK "Salon"

Mit diesem Übersichtsbogen ergab sich nun innerhalb der Staatssicherheit eine Art Arbeitsteilung: die Koordinierung der Überwachung, die Einleitung von Maßnahmen und weitergehende Entscheidungen wurden nun wieder von Berlin aus gesteuert, für die Ausführung und die täglichen Arbeiten war weiterhin Potsdam zuständig. Die gesamten Aktivitäten firmierten nun unter der Bezeichnung »Fotograf«. Um das Vorgehen der beiden beteiligten Abteilungen abzustimmen, waren hinfort immer wieder Absprachen nötig, die selbstredend ebenfalls protokolliert wurden und Eingang in die Akte fanden.

Am 27. Juli 1977 trafen sich die Genossen Hauptmann Schmidt der HA XIX und der Referatsleiter 4, Genosse Hauptmann Görisch. Inhalt der Absprache waren »Probleme der Sicherung und operativen Berarbeitung von Mitgliedern des DMV« (Deutscher Modelleisenbahn-Verband). Die Hauptanliegen dieser Zusammenkunft waren die Erarbeitung eines neuen Sachstandsberichts zur OPK »Fotograf« sowie das Treffen von Vereinbarungen über eine koordinierte Bearbeitung der OPK »Fotograf« durch die HA XIX und der Abt. XIX, BV (Bezirksverwaltung) Potsdam. Ein solcher Sachstandsbericht würde, so die gemeinsame Auffassung beider Genossen, »eine wertvolle Grundlage zur Erarbeitung eines Maßnahmeplanes bilden«! Als ob nicht bis dahin schon genügend »Grundlagen zur Erarbeitung von Maßnahmen« entwickelt worden wären. Man sollte sich diesen Satz „auf der Zunge zergehen lassen“.

In dieser Zusammenkunft der beiden Genossen wurde die weitere Bearbeitung der OPK »Fotograf« in gemeinsamer Koordinierung abgesprochen. Ferner vereinbarten die beiden, *»zur weiteren Erarbeitung von gesicherten Erkenntnissen zu den bereits vorhandenen Ergebnissen der Bearbeitung von Mitgliedern des DMV und »Freunden der Eisenbahn« aus der BRD und WB, im Monat Oktober 1977 eine gemeinsame Fahrt zu den Abteilungen XIX Leipzig und Dresden, den Kreisdienststellen Wernigerode, Sangerhausen, Zeitz und der Abt. VI Neubrandenburg und Gera zu organisieren, in denen Erkenntnisse aus der Bearbeitung operativer Materialien, OPK und operativer Vorgänge vorlägen«.*

Etwas einfacher und verständlicher formuliert: die Bezirksverwaltung Potsdam wollte alle Dienststellen in der DDR besuchen, bei denen irgendwelche Hinweise, Berichte oder ähnliches über uns vorlagen. Leider ist der Akte nicht zu entnehmen, wieviel Tage dieser Betriebsausflug der Bezirksverwaltung Potsdam gedauert hat.

Ein Zufallstreffer: eine Mitziehaufnahme in der gewünschten »Bellingrodt-Stellung«, also Kuppelstange unten, ist bei voller Fahrt reine Glückssache. 01 118 bei Großenhain im Frühjahr 1977.
Foto: Burkhard Wollny

Auch über den Erfolg dieser Reise schweigt die Akte. So bleibt unklar, ob es anderen Ortes überhaupt irgendwelche relevanten Ergebnisse gab.
Ein schönes Beispiel dafür, daß die Akte mittlerweile zum Selbstläufer geworden war, bietet eine »Einschätzung der OPK »Fotograf« unter Aspekten der Linie II« vom 11. August 1977. Der Schreiber dieser Einschätzung ist der Leiter der Leiter der Abteilung II/4 der Bezirksverwaltung für Staatssicherheit in Potsdam (Spionageabwehr!), Oberstleutnant Teschner.
Eine kleine Bemerkung am Rande: in dem ganzen Konglomerat an Worthülsen und Schachtelsätzen tauchen immer wieder Begriffe oder Termini auf, die ich trotz heftiger Bemühungen bis heute nicht klären konnte. Dazu gehört auch der Ausdruck »Unter Aspekten der Linie II«. Was darunter zu verstehen sein könnte, vermag ich nicht zu sagen – vielleicht kann ein Leser dazu mehr sagen? Aber unabhängig davon zeigt diese Einschätzung, wie ein Bericht aus sich selbst heraus den nächsten gebiert:

Bezirksverwaltung für
Staatssicherheit Potsdam
Abteilung II/4

Potsdam, den 11. Aug. 1977
La/Lo

BStU
000023

E i n s c h ä t z u n g

der OPK "Fotograf" unter Aspekten der Linie II

Die politisch-operative Bedeutsamkeit des Ausgangsmaterials ergibt sich aus den Orientierungshinweisen der HA XIX, Abteilung II/3 zur feindlichen Kontaktpolitik und der in diesem Zusammenhang gesicherten Erkenntnis der HA XIX, daß der US-Geheimdienst das Modelleisenbahnhobby zu nachrichtendienstlichen Zwecken mißbraucht.
Zur zielgerichteten kontinuierlichen politisch-operativen Bearbeitung des Ausgangsmaterials wäre es sinnvoll, sich über folgende Punkte Klarheit zu verschaffen, wobei die auf der Seite 2 und 3 im Anschreiben der HA XIX vom 18. 06. 77 gegebenen Hinweise zu Erkenntnissen der Vorgangsmäßigen Bearbeitung des US-Geheimdienstes Berücksichtigung finden müßten:

1. Angriffsrichtungen

1.1. Schutz- und Angriffsobjekt

1.2. Spionageinteressen

2. Ermittlung und Aufklärung von Personen, Kontaktaufnahmen und Werbungen durch imperialistische Geheimdienste (Zielgruppen)

2.1. Ermittlung und Aufklärung von Personen durch die imperialistischen Geheimdienste

2.2. Kontaktaufnahmen durch imperialistische Geheimdienste

2.3. Werbungen durch die imperialistischen Geheimdienste

BStU
000024

2

3. Verbindungssystem (VBS)

3.1. Persönliche Treffs

3.2. Verbindung auf postalischem Wege

Zum VBS wird auf weitere Arten der Verbindungshaltung nicht eingegangen, da es sich bei dem vermutlichen Täterkreis ausschließlich um Bürger aus dem Operationsgebiet handelt.

4. Angaben zum Apparat der imperialistischen Geheimdienste

4.1. Welche Dienststellen der imperialistischen Geheimdienste wurden im Rahmen der vorgangsmäßigen Bearbeitung bekannt?

4.2. Welche Angaben zum Personalbestand der imperialistischen Geheimdienste konnten erarbeitet werden?

Die so aus den angegebenen Archiv- und Vorgangsmaterialien zu erarbeitenden Informationen sind als Vergleichswerte auf die in der OPK "Fotograf" enthaltenen operativ-bedeutsamen Anhaltspunkte anzuwenden, um hieraus besser die objektiven Gegebenheiten und die daraus resultierende Erarbeitung von Versionen ableiten zu können.

Zur strafrechtlichen Würdigung (s. Seite 18 des Eröffnungsberichtes) muß hinzugefügt werden, daß bisher ein Verstoß gemäß der vom MfV in den

"Verfügungen und Mitteilungen", Teil DR, Nr. 23, vom 11. 12. 1973,

genannten Regelung zu Problemen der Anfertigung von Film-, Foto- und Fernsehaufnahmen auf dem Gelände der DDR vorliegt.

Eine Bestimmung von Verdachtsmomenten hinsichtlich der §§ 97 und 98 StGB sollte auf der Grundlage der objektiven Gegebenheiten und der sich hieraus ableitenden Versionen neu vorgenommen werden.

Mit neuen, aber noch nicht einmal grundlegend anderen Worten wiederholt Teschner das in der Aktennotiz vom 18. Juni 1977 schon einmal festgehaltene – fürwahr eine effiziente Arbeit…
Konkreter wurde es anderthalb Monate später. Wieder einmal war eine Absprache zwischen den beiden Dienststellen nötig, weswegen die Genossen Major Kühn und Oberleutnant Schmidt im Rahmen der Bearbeitung der OPK »Fotograf« und »Kunze« (dem Autor nicht bekannt) am 29. September 1977 eine Dienstreise zur Abteilung XIX nach Potsdam unternahmen.
Daß aus dieser Besprechung dann wieder ein Bericht hervorging, bedarf mittlerweile wohl keiner besonderen Erwähnung mehr. Dieser hielt zunächst fest, daß Hauptmann Görisch »das Material aufgearbeitet und verdichtet hat«. Weiter führt der Bericht aus, daß Genosse Oberstleutnant Spors die Genossen Hauptmann Ansorge und Unterleutnant Seidel mit der weiteren Bearbeitung der OPK beauftragte. Diese wiederum befanden sich gerade »im Stadium der Einarbeitung in das Material«. (Zur Erinnerung: Genau drei Monate zuvor war der »Übersichtsbogen« erstellt und einen Monat später die Koordinierung zwischen beiden Dienststellen vereinbart worden – und nun waren die Genossen noch mit der Einarbeitung beschäftigt…)

Während die D-Züge von Berlin nach Süden Sache der Baureihe 01 waren, fuhren Richtung Norden die dreizylindrigen 03.10. Kraftvoll verläßt die frisch untersuchte 03 1074 den Berliner Ostbahnhof Richtung Stralsund. Foto: Hermann Kuom

Immerhin wurden nun die Ziele der Arbeit konkret formuliert:

»Konzentration auf die Bearbeitung der verdächtigen 6 Westberliner, vorrangige Bearbeitung der Personen Kuom und Wollny, schnellstmögliche Einführung von IM in den Bearbeitungsprozeß.

Durch die Abteilung XIX Potsdam werden bei den IM »Kleinbahn«, »Leo«, »Albert« die vorhandenen Möglichkeiten unter dem Aspekt geprüft, sie über die bekannten DDR-Kontaktpartner an die verdächtigen Personen anzuschleusen.

Mit dem IM »Kleinbahn«, der zur Zeit Student in Gotha ist, wird kurzfristig ein Treff zur Realisierung o.g. Aufgabenstellung organisiert. Am Treff nimmt Genosse Oberleutnant Schmidt von der HA XIX/III/3 teil.

Durch die HA XIX/III/3 werden bei den im DMV der DDR verankerten IM/GMS (Gesellschaftlicher Mitarbeiter für Sicherheit) »Heinz Müller«, »Wolfgang« und »Manfred« gleichfalls die obengenannten Möglichkeiten überpüft.

Zusätzlich werden über den IMS »Heinz Müller« Maßnahmen geprüft und ergänzt, die ein evtl. Anschleusen eines IM/GMS an einen der bekannten DDR-Kontaktpartner begünstigen.

Dieses Bild dürfte ohne Beaufsichtigung durch die Stasi gemacht worden sein, denn es entstand im Westteil Berlins. Aus dem Dunkel der Bahnsteighalle des Bahnhofs Bellevue geht der Blick am 21. April 1977 auf die in Richtung Osten fahrende 03.10 mit einem Schnellzug nach Stralsund.
Foto: Burkhard Wollny

Weiter sei zu realisieren:

»...das Material zu ordnen, eine Reiseanalyse der verdächtigen Personen ab 1975 zu erarbeiten und die Reisedaten bei der HA I dahingehend zu überprüfen, ob Einreisen zu Zeitpunkten und nach Orten konzentrierter bzw. territorial begrenzter M-Bewegungen (Militärische Bewegungen) stattfanden.«

Schließlich sollten von der Abteilung XIX Potsdam eine Gesamtreiseanalyse für den Zeitraum 1975/76 erarbeitet und unsere Fahrzeuge auf »Mitführung von Funkausrüstungen« überprüft werden. Der „Clou“ zum Schluß: Die Abt. XIX Potsdam wünscht ständige Information über Veranstaltungen des DMV. Dazu konnte man die Abteilung XIX nur beglückwünschen: alle Dampfloksonderfahrten in der DDR frei Haus gemeldet! Davon wagten wir im Westen nicht einmal zu träumen.

In der Folge legten die Genossen Kühn und Schmidt einen bis dahin ungeahnten Eifer an den Tag. Schon am 14. Oktober 1977 trafen die beiden erneut eine »Absprache«, festgehalten in einem Aktenvermerk der Abteilung XIX der Bezirksverwaltung Potsdam. Wieder ging es um die weitere Bearbeitung der OPK »Fotograf«.

Als logische Folge aus der vorherigen Absprache hält das Protokoll dieser Besprechung fest, daß »die Reisetätigkeit der 6 erfaßten Personen analysiert und ausgewertet werden soll, um daraus operative Schlüsse für die weitere Arbeit ziehen zu können.«

Nun, das war ja nichts Neues. Dann jedoch fügt der Bericht dem Gesamtvorgang eine neue Nuance zu, denn im Folgenden erörterten die Herren erstmals konkret die Problematik der »Inoffiziellen Mitarbeiter«. Bis dahin war zwar der Begriff »IM« immer wieder aufgetaucht, auch basierten verschiedentlich Ermittlungsergebnisse auf den Mitteilungen von »IM«, aber der zielgerichtete Einsatz von »IM« war bis dahin lediglich als Absichtserklärung formuliert worden (die »Anschleusung von Jutta« oder der »gute IM aus Dresden«).

Nunmehr jedoch wünschte die Staatssicherheit »Aufklärung der DDR-Kontaktpartner, um über geeignete Personen den direkten Kontakt zu den Personen herzu-

Der April 1977 war ein außerordentlich ergiebiger Monat – für die Stasi brachte er eine Fülle »neuer Erkenntnisse«, für uns eine Fülle schöner Dampflokbilder. Neben Berlin und Umgebung widmeten wir uns insbesondere dem Betrieb in und um Saalfeld: mit Erfolg, wie die folgenden Abbildungen zeigen.
Am 19. April 1977 verläßt 44 0231 Saalfeld und biegt in die Steigung nach Unterwellenborn ein. Noch säumen Telegrafenmasten die Strecke.
Foto: Burkhard Wollny

stellen«, und als nächste Stufe die »Forcierung der IM-Arbeit«. Insbesondere sollte abgeklärt werden, welche IM objektiv für einen Einsatz geeignet seien, sowie als Folge daraus deren Einsatz. Konkret verlangte der Bericht, bis zum 25. 10. 1977 »die objektiven Möglichkeiten sowie die subjektive Eignung der in der DE (Diensteinheit) vorhandenen IM »Kleinbahn«, »Leo« und »Albert« allseitig abzuklären und bei Eignung zu dokumentieren«.
Doch damit nicht genug: Ein weiteres Ergebnis der Besprechung war, daß durch die HA XIX »gleichlaufend 3 IM auf ihre Möglichkeiten zum Einsatz in der OPK geprüft« werden. Zum Verfahren stellt der Bericht fest:
Gemeinsam mit der HA XIX sind Treffs mit dem IMV »Kleinbahn« zu gestalten. Zur umfassenden Aussage der Reisetätigkeit wird für alle 6 erfaßten Personen durch die HA XIX der Archivzeitraum ab 1972-1975 abgefragt (Anmerkung d. Aut. Unter »Archivzeitraum« ist das eventuelle Vorhandensein von Akten über den genannten

Im Frühjahr 1977 fuhren von Saalfeld nach Arnstadt sogenannte Umleiter-Güterzüge. Diese waren wegen der Steigung regelmäßig mit zwei Maschinen bespannt. Apriltypisches Wetter begleitet 44 0397 am 11. April 1977 beim Anstieg über den Singener Berg hinter Paulinzella.
Foto: Burkhard Wollny

Mit geöffneten Schlammhähnen verläßt am 16. April 1977 eine 01.5 den Bahnhof Saalfeld.
Foto: Burkhard Wollny

Knapp 14 Tage später wehten wie in jedem Jahr die roten Fahnen – der 1. Mai stand vor der Tür. Davon ungerührt wartet 95 0016 in Saalfeld auf die Abfahrt.
Foto: Burkhard Wollny

Zeitraum zu verstehen). Gleichlaufend erfolgt dies zu den DDR-Kontaktpartnern. Zur reibungslosen Gestaltung von B-Maßnahmen (Beobachtungsmaßnahmen) ab GÜST in das Territorium der DDR werden durch die HA XIX mit der HA VI Absprachen über die erforderliche Technologie geführt. Des weiteren erfolgt die Überprüfung aller bekannten West-Kfz auf Vorhandensein von Funk in den Pkws. Als eine wesentliche Maßnahme ist die Aufklärung der DDR-Kontaktpartner anzusehen. Durch die Abt. XIX sind die Kontaktpartner XXX (Name geschwärzt), durch die HA XIX der Kontaktpartner XXX (Name geschwärzt) aufzuklären. Das Ziel der Aufklärung besteht vorrangig in der Erarbeitung solcher Fakten, die die Entscheidung ermöglichen:

- *ist der Kontaktpartner für eine Kontaktierung durch das MfS geeignet,*
- *bietet der Kontaktpartner Ansatzpunkte zur Anschleusung vorbereiteter IM,*
- *muß der Kontaktpartner aufgrund der erarbeiteten Fakten selbst in operative Bearbeitung genommen werden? Auf der Grundlage von Ergebnissen der Reiseanalyse erfolgt durch die HA XIX bei der HA I die Prüfung des zu den Einreisezeiten und ihren -zielen stattgefundenen IM-Verkehrs. Gleichzeitig wird die Aufklärung in enger Verbindung mit dem Veranstaltungsplan des DMV durchgeführt. Die nächste Absprache mit der HA XIX erfolgt am 25. 10. 1977. Nach Auskunft des Genossen Kühn erfolgt am 22.11.1977 9.00 Uhr zur OPK »Fotograf« die Berichterstattung beim Leiter der HA XIX.«*

Offenbar hatten sich die Genossen mittlerweile hinreichend in das Material »eingearbeitet«, denn diese umfangreichen Festlegungen hat Hauptmann Ansorge niedergeschrieben. Mit den Wünschen des Abteilungsleiters der Abteilung XIX, Oberstleutnant Spors, befand er sich damit im Einklang, denn dieser hat den Katalog schriftlich bestätigt.

Unsere Beobachtung sollte jetzt also mit der Hilfe »angeschleuster« IM weitergeführt werden. Folgt man den Akten, so setzten sich die Genossen nun unter einen gewissen Erfolgszwang und betrieben die Maßnahmen zur »Anschleusung« mit bis dahin ungewohntem Nachdruck. Das Protokoll der oben erwähnten »Absprache« (O-Ton Stasi) am 25. Oktober 1975 berichtet von ersten Ergebnissen. An der Absprache nahmen Genosse Oberstleutnant Schulz, Genosse Major Kühn mit dem Genossen Major Knabe (Stellv. Abteilungsleiter XIX Potsdam) und Genosse Hauptmann Ansorge teil. Das Protokoll hält fest:

»Die Konzentration zu den DDR-Kontaktpartnern wurde auf die Aufklärung der Personen M. und W. ausgerichtet. Dabei wurde herausgearbeitet, daß die Person M. aufgrund ihrer Persönlichkeitsmerkmale als ungeeignet für eine Kontaktierung anzusehen ist, wogegen bei W. ausgehend von der Persönlichkeit und publizistischen Fakten in einer Fachzeitschrift, Anknüpfungspunkte für eine Kontaktierung gegeben sind.

Die Abklärung der objektiven und subjektiven Geeignetheit der vorhandenen IM der eigenen DE konnte im wesentlichen zum IMV »Kleinbahn« erfolgreich geführt werden. Beim IMV sind trotz seines derzeitigen Studiums an der Fachschule in Gotha ausgehend von seinen Hobbyinteressen sowohl die objektiven als auch die subjektiven Voraussetzungen vorhanden. Beim IMV besteht die Bereitschaft über eine entsprechende Legende bei DDR-Kontaktpartner wirksam zu werden. Eine Vorlage von Namen und Bildmaterial zum verdächtigen Personenkreis der OPK »Fotograf« beim IMV verlief negativ. Zur Zeit stehen die Prüfungen zu den IM »Leo« und »Albert« noch aus. – Ferner wurde bestimmt, daß der IMV »Kleinbahn« auf Grundlage der subjektiven Vorraussetzungen die Treffgestaltung auf die Herstellung des Kontaktes zu dem DDR-Kontaktpartner W. durchführt. Über den Weg der Veröffentlichung der Hobbyinteressen durch W. in der Fachzeitschrift der Modelleisenbahner ist der IMV unter Legende an diesen heranzuführen.

Der durchaus spontane Satzbau sowie die zum Teil mangelhafte Rechtschreibung entspricht dem Original-Protokoll. Dieses hält darüber hinaus abschließend fest, *»daß ab 25.11.1977 beginnend für 1 Woche in Leipzig (Messehaus am Markt) durch den Bezirksvorstand Halle eine Modellbahnausstellung stattfindet. Zur Vorbereitung auf den möglichen Auftritt der in der OPK erfaßten Personen sind die Verbindungen zu den Abteilungen XIX Halle und Leipzig herzustellen. Im Rahmen dieser Ausstellung sind geeignete Maßnahmen einzuleiten, über die bei Auftreten der erfaßten Personen ein IM-Einsatz ermöglicht werden kann.«*

Weiter oben hatte ich bereits auf diesen Grundirrtum der Stasi hingewiesen: Es war den Genossen offenbar entgangen, daß uns nicht die **Modell-**Eisenbahn in die DDR zog sondern die Eisenbahn. Die Stasi glaubte allen Ernstes, daß wir vom fernen Westen zu einer Modelleisenbahnausstellung nach Leipzig reisen würden! Sicher, auch die Modelleisenbahn hatte und hat ihre Reize, aber uns stand der Sinn nach Höherem. Insofern war Oberstleutnant Spors schon eher auf der richtigen Fährte, als er am 28. Oktober 1977 an das Referat E im eigenen Haus eine Anfrage richtete. Da diese Anfrage ein „herzerfrischendes“ Dokument seiner fotografischen Hilflosigkeit ist, soll es dem geneigten Leser nicht vorenthalten werden:

Bezirksverwaltung Potsdam
Abteilung XIX

Potsdam, den 28. 10. 77
/Ju

XIX/1221177

BStU
000195

Referat E

im Hause

Einschätzung von verwendeten Fotoapparaten und Zubehör durch Westberliner Bürger

Im Rahmen der op. Bearbeitung Westberliner Bürger wurde bekannt, daß diese zur angeblichen Hobbygestaltung mit umfangreicher Fototechnik an den Strecken der Deutschen Reichsbahn in Erscheinung tretén.

Bisher konnten folgende Fotoapparate/Kameras und Zubehör ermittelt werden:

1. Fotoapparate und Kameras:
   - Pentacon Six TL
   - Rolley-Flex-Kamera auf Schiene
   - Rolley SL 82
   - Rolley 2,8 F
   - Rolley 35 B
   - Pentaflex
   - Nikorrmat EL
   - Asahi-Pentax
   - Nikko-Fer
   - Kodak-Kamera
   - Nizo-Filmkamera
   - Filmkamera S 8
   - Kamera japan. Herkunft (6 x 6)

2. Objektive:
   - Sonnar 2,8/180 mm
   - Nikon 3,5/43 ...86
   - Nikon 4,5/85 ...200
   - 1,4/35
   - 1,8/85
   - 2,8/135
   - 28 mm, 80 mm, 120 mm, 135 mm, 180 mm, 200 mm, 250 mm, 300 mm, 400 mm
   - Objektive mit Gummilinse

- 2 -

BStU
000196

Zu vorgenannter Technik bitten wir um Beantwortung folgender Fragen:

1. Handelt es sich bei der aufgeführten Fototechnik um handelsübliche Ware?
2. Welches Filmmaterial kommt bzw. kann bei den einzelnen Apparaten zur Verwendung kommen?
3. Wieviel Bilder können bei den einzelnen Kameras im Höchstfall belichtet werden?
4. Welche Fotoapparate sind mit Schnell- bzw. automatischen Aufzug versehen?
5. Welche Apparate können mit welchen Objektiven bestückt werden?
6. Wie weit muß unter Verwendung der aufgeführten Objektive eine Annäherung an Objekte erfolgen?
7. Was ist unter einem Objektiv mit Gummilinse (japanisch) zu verstehen, wie wirkt sich dieses Prinzip unter welchen Entfernungen aus, können damit zur Fertigung eines Bildes größere Weiten überwunden werden (welche)?
8. Welchem Wert entsprechen die aufgeführten Apparate/Kameras und Zubehör?

Um baldige Erledigung wird gebeten.
Bei Notwendigkeit zur Rücksprache bitten wie Sie, sich an den Gen. Hptm. Ansorge, App. 2785, unserer DE zu wenden.

Leiter der Abteilung XIX

Spors
Oberstleutnant

Die Genossen von der Technik reagierten auf diese Anfrage prompt und fertigten eine vierseitige handschriftliche Expertise. Darin gingen sie detailliert auf die verschiedenen Punkte ein. Lediglich mit der Rollei SL 82 vermochten sie offenkundig nichts anzufangen, denn dazu findet sich in der Akte nur der lapidare Vermerk: »Kamera ist nicht in Katalogen aufgeführt« – immerhin: die Kataloge kannten die Herren offensichtlich, obwohl die Einfuhr von westlichen Druckerzeugnissen eigentlich auch nicht gestattet war...

Immerhin gelang es den Technikern in der Abteilung E, den Beweis zu erbringen, daß die DDR über hinreichend fotografisches Know-How verfügte, denn ihre Ausführungen beispielsweise über »Objektive mit Gummilinse« (Zoom- oder Varioobjektive genannt) oder über die Verwendungsmöglichkeiten eines Nikon-Objektives sind erstens richtig und zweitens derart verständlich formuliert, daß auch ein Anfänger ohne weiteres begreift, wie man damit fotografiert.

Am gleichen Tag, an dem Spors um einen „Grundkurs Fotografie“ bat, fertigte auch Hauptmann Ansorge einen Vermerk. In diesem hielt er zunächst die Ergebnisse einer am 27. Oktober 1977 stattgefundenen Sitzung fest. Dann schlug er eine Reihe von Maßnahmen vor, die er als »dringend« und »erforderlich« einstufte:

»1. Überprüfung in der Abt. II (Ref. des. Gen. Lahme), ob erfaßter Personenkreis im Rahmen der Bearbeitung des Vorganges »Zugvogel« angefallen ist.

2. Zu den in WB Hektorstr. wohnhaften Personen Franz, Schlipf u.a. sind Ermittlungen zu führen, um herauszuarbeiten, ob zu diesem Personenkreis Anzeichen auf das in der DDR erkennbare Hobby hindeuten, wo sie tatsächlich wohnhaft sind und in welchen Bereichen sie eine Angestelltentätigkeit versehen. Diese Maßnahme sollte erst nach Beendigung der derzeitigen politischen und polizeilichen Lage durchgeführt werden.«

»Anzeichen auf das erkennbare Hobby« – Ob Hauptmann Ansorge auch die hier abgelichtete junge Dame daraufhin überprüfen ließ, ist unbekannt. Jedenfalls stehen die Chancen nicht schlecht, daß aus dem modisch gekleideten Mädchen, das 1977 in Saalfeld interessiert der schweren 44er beim Ankuppeln zusieht, später auch eine Eisenbahnfreundin geworden ist.
Foto: Burkhard Wollny

Was sich hinter dem »Vorgang »Zugvogel«« verbirgt, ist unklar. Aber eines macht dieser kurze Vermerk deutlich: Nachdem der Vorgang sich bislang ausschließlich innerhalb der DDR abgespielt hatte, sollte nun das „Operationsgebiet" erweitert werden. Der letzte Satz nämlich lautete:

»die Abteilung II (Spionageabwehr) erklärte sich bereit, im weiteren Bearbeitungsprozeß ihre Unterstützung zu geben.«

Und das bedeutete, das die Beobachtung, mit der Zielrichtung der oben unter 2. genannten Aspekte, nun auf den Westen ausgedehnt werden sollte!

Ganz langsam neigte sich das Jahr 1977 seinem Ende zu. Und wie im alltäglichen Leben das Weihnachtsfest den Höhepunkt eines Jahres bildet, steuerte auch die Akte »Fotograf« einem solchen entgegen. Denn am 24. November 1977, also genau einen Monat vor Heiligabend, wartete der umtriebige Hauptmann Ansorge mit einem neuen Bericht auf.

Wieder begann das Opus mit einem der schon sattsam bekannten Sachstandsberichte. Dann jedoch bereitete er uns im übertragenen Sinne eine „Schöne Bescherung":

Er kam nämlich zu dem Ergebnis,

»daß wir es bei diesem Personenkreis mit Spionen zu tun haben. Das Hobby steht als echte Legende. Schlußfolgernd daraus ergibt sich vermutlich die aktive Reisetätigkeit.«

Jetzt war es also amtlich: Wir waren echte Spione mit echter Legende – die einzigen, denen dieser Tatbestand völlig unbekannt war, waren wir selbst. Weder vom CIA noch vom BND gesteuert folgten wir lediglich dem eigenen Triebe und taten, was wir die ganze Zeit getan hatten: Dampfloks fotografieren.

Da nun dieses Faktum geklärt war, veranlaßte Ansorge im selben Bericht, daß in der West-Berliner Hektorstraße »Aufklärung vor Ort durchzuführen« sei und »Vorbereitungen zur Aufklärung BRD getroffen werden können«. Und weiter hält er fest: *Alle erfaßten Personen und deren bisher bekanntgewordenen Pkw sind in einen längeren Fahndungsprozeß zu stellen. In diesem Zusammenhang sind geeignete Maßnahmen zur Gestaltung von Beobachtungen vorzubereiten. Anliegen der weiteren Bearbeitung ist es, Beweise für ein feindliches Tätigwerden des erfaßten Personenkreises zu sammeln und dies unter ständiger Beachtung aller im Zusammenhang damit stehenden objektiven Bedingungen.*

Diese Maßnahmen ließen an Deutlichkeit nichts zu wünschen übrig. Für Ansorge war klar, daß wir „Staatsfeinde par excellence" sein mußten. Demzufolge waren die genannten Maßnahmen zwingend erforderlich. Die seinen oben genannten Anordnungen zugrunde liegenden „Argumente" hatte er bereits drei Tage zuvor, am 21. November 1977, in einem »Zwischenbericht zur OPK »Fotograf«« zusammengefaßt. Da dieser Bericht neben der eher abseitigen Argumentation der Stasi gleichzeitig eine Art Tätigkeitsbericht unseres Schaffens darstellt, sei er im Folgenden zitiert, zeigt er doch, daß wir das ganze Jahr über nicht untätig gewesen waren. Die Erfolge unseres Tuns können sich im übrigen hinsichtlich des Umfangs durchaus mit denen der Stasi messen, hinsichtlich der Qualität dürften wir auf der Gewinnerseite stehen.

»In der OPK werden die Bürger von Berlin (West) Schlipf, Dieter, Franz, Stephan, Risch, Karsten, Wollny, Burkhard, Müller, Wolfram und Kuom, Herrmann operativ bearbeitet, weil sie verdächtig sind, unter Mißbrauch der vertraglichen Regelungen zum Einreise- und Besucherverkehr Aufklärungshandlungen in der Nähe militärischer Objekte und Reichsbahnanlagen zu begehen.«

(...)

Aus Einlassungen der genannten Personen an den Grenzübergangsstellen von Berlin (West) bzw. der BRD in die DDR wird im bestimmten Maße ersichtlich, daß sich dieser Personenkreis zu den sogenannten »Freunden der Eisenbahn« zählt, deren Ansinnen es ist, in der DDR verkehrende Dampflokomotiven zu fotografieren. Zu diesem Zweck führt dieser Personenkreis eine umfangreiche Foto- und Kameratechnik mit dem entsprechenden Zubehör von Objektiven und Filmmaterial bei sich. Die in der Entstehung des Materials eingeleiteten vielfältigen Überpüfungen weisen nach, daß es sich bei allen 6 Personen um Personen, die sich in einem Angestelltenverhältnis befinden, handelt. Die Bürger Franz, Wollny, Müller und Schlipf entsprechend den dokumentierten Angaben seit dem 2. Halbjahr 1975 neben dem Wohnsitz BRD einen Zweitwohnsitz in Berlin (West) innehaben, obwohl bei Überprüfungen (visuelle Arbeit von IM) in Berlin (West), Hektorstraße, diese Bürger dort noch nicht festgestellt wurden. Bei allen 6 Personen wurde besonders 1975 (vermutlich aktive Aufnahme der DDR-Reisetätigkeit) in der Grenzpassage ein nervöses unsicheres Verhalten festgestellt, welches bis jetzt sehr stark abgebaut wurde, was auf sichere Kenntnisse in den Regimeverhältnissen schließen läßt.

Die im Material vorliegenden Angaben zur Reisetätigkeit der 6 erfaßten Bürger wurden über den Zeitraum vom 1.1.75 bis Oktober 77 geführt. Für diesen Zeitraum kann nachweisbar festgestellt werden, daß alle Personen einzeln und gemeinsam in die DDR fahrend in der Grenzpassage festgestellt wurden, so reiste Müller 79x, Risch 55 und Schlipf 27x, Kuom 109x, Franz 68x und Wollny 68x als Tourist in die DDR ein, wobei die Bürger Müller und Kuom (11x), Franz und Wollny (16x), Müller und Franz (15x) sowie Müller und Wollny (18x) gemeinsam die DDR als Tourist bereisten. Gering sind die gemeinsamen Fahrten, die Schlipf und Risch unternahmen. Deutlich weist die Analyse aus, daß durch die Bürger Kuom und Franz die Reisegenehmigung von 30 Tagen überschritten wurde. (Kuom 35 Reisen, 1977 weitere 10 beantragte nicht durchgeführt, Franz 40 Reisen – 2 weitere nicht durchgeführt). Bei Wollny konnte 1977 festgestellt werden, daß er unterschiedliche Berechtigungsscheine benutzte, damit die Reihenfolge seiner Reisen nicht erkennbar wird.«

Bahnsteigszene im Frühjahr 1977 in Saalfeld. 01 0505 spiegelt sich in der obligatorischen Pfütze.Und wieder ragen die roten Fahnen zum 1. Mai ins Bild. Landauf, landab wurde Beflaggung angeordnet. Foto: Burkhard Wollny

»Ansinnen der Verdächtigten ist es, in der DDR verkehrende Dampflokomotiven zu fotografieren...« – Was für Hauptmann Ansorge offenbar jenseits aller Vorstellungskraft lag, stand für Eisenbahnfreunde außerhalb jeder Diskussionen. Szenen wie diese waren im Westen unvorstellbar. Der Blick geht von der Überführung der F (jetzt B) 281 über die östliche Ausfahrt des Bahnhofs Saalfeld. Die Brücke war permanent von Eisenbahnfotografen besetzt. Am 15. Mai 1977 verläßt die heute in Österreich tätige 01 533 den Bahnhof. Keine Diesellok stört die Szenerie.
Foto: Burkhard Wollny

Dem ist eigentlich nichts hinzuzufügen. Doch Ansorge war damit noch nicht am Ende, vielmehr stellte er weiter fest, »daß alle 6 Bürger in der Grenzpassage ständig zum Ausdruck brachten, sich für Dampflokomotiven zu interessieren. Zudem wurde bemerkt, daß bei den eigenen Fahrzeugen eine Häufigkeit des Wechsels innerhalb dieses Personenkreises auftrat«.

Schließlich erfuhren wir durch diesen Bericht nach über 20 Jahren, daß die Stasi seinerzeit versucht hatte, Stephan Franz im November 1977 habhaft zu werden. Zu den von ihm beantragten Einreiseterminen wurden Fahndungsmaßnahmen mit dem Einsatz der Abt. VIII (Beobachtung und Ermittlung) eingeleitet. Sie verliefen erfolglos, weil Franz an den genannten Terminen nicht einreiste. Doch natürlich hatten die Genossen auch für dieses unerwartete Verhalten umgehend eine Erklärung parat, und auch diese ist es wert, zitiert zu werden:

»Nach den in der BRD und Westberlin aufgrund des Terrorismus eingeleiteten Fahndungsmaßnahmen, deren Umfang dem erfaßten Personenkreis auf die DDR bezogen unbekannt ist, wird es absichtlich vermieden, in der DDR Foto- und Filmaufnahmen unter der vorgegebenen Variante durchzuführen, um nicht in den Gesichtskreis aktiver Sicherungsmaßnahmen zu fallen. Durch die Liquidierung erkannter Feinde in der DDR und der damit einhergehenden Unsicherheit bei Handlungen wie sie diese Personen vollziehen, wird das Aufsuchen des Staatsgebiets der DDR bewußt gemieden. Die von allen Personen in vieler Gestalt vorgebrachten Hobbyinteressen sind echt, woraus sich die witterungsbedingte Einreise in die DDR ergibt.«

»Terrorismus«, »aktive Sicherungsmaßnahmen«, »Liquidierung« – die Terminologie läßt die Stoßrichtung eindeutig erkennen. Wer in einen solchen Kontext gerückt wir, kann nur ein Staatsfeind sein und muß mit entsprechenden Mitteln bekämpft werden. Verwunderlich ist eigentlich nur, daß noch immer das liebenswerte Wort Hobby im Spiel ist. Unsere Hobbyinteressen seien echt, konstatiert Ansorge – so ganz im Klaren über uns schien er sich offenbar immer noch nicht zu sein. Und noch ein Detail: Den Hinweis auf die witterungsbedingte Einreise sollte der Leser im Hinterkopf behalten – immerhin schien Ansorge bewußt zu sein, daß Eisenbahnfotografien am besten bei schönem Wetter gelingen. Diese Erkenntnis ist im weiteren Verlauf der Ermittlungen wohl in Vergessenheit geraten, wie noch zu zeigen sein wird.

Durch diese Erläuterungen vom 21. November wurden also die Maßnahmen vom 24. November (s.o.) vorbereitet.

Damit hätte das Jahr nun eigentlich zu Ende gehen können. Doch so wie eine Operette in aller Regel zum krönenden Schluß noch einmal zum großen Finale ausholt, so hatte auch die »OPK Fotograf« ein solches „Finale furioso" zu bieten. Standesgemäß oblag der letzte große Auftritt des Jahres 1977 nicht Herrn Ansorge, sondern Oberstleutnant Spors, immer noch Leiter der Abt. XIX der Bezirksverwaltung für Staatssicherheit Potsdam.

Dieser richtete am 23. Dezember 1977, also einen Tag vor Heiligabend, einen Rundbrief an die folgenden Bezirksverwaltungen der Abteilungen XIX: Leipzig, Erfurt,

Suhl, Gera, Halle, Karl-Marx-Stadt, Dresden, Cottbus, Frankfurt/O., Magdeburg, Berlin, Neubrandenburg, Schwerin, Rostock. Das Diktatzeichen An/Bu weist auf Hauptmann Ansorge hin, der diesen Brief unter Tagebuch Nummer XIX/ 1514/77 unterstützt hat.

Der Brief lautet: *»Operative Bearbeitung von Personen aus dem NSW die als Freunde der Eisenbahn durch Fotografieren von Strecken der Deutschen Reichsbahn in Erscheinung treten. Wir bitten Sie zu nachstehend aufgeführten Fahrzeugen zu überprüfen, ob diese in Ihrem Verantwortungsbereich sowie des zuständigen Transportpolizeiamtes operativ angefallen sind.«*

(Es folgen 13 Kfz-Kennzeichen.)

»Bei Anfall dieser Kfz bitten wir um Beantwortung folgender Fragen:

1. Wann und in welcher Form sind die Fahrzeuge in Ihrem Verantwortungsbereich operativ in Erscheinung getreten?

2. Konnten Handlungen von Personen dokumentiert werden bzw. wurden zu den Personen Identifizierungsmaßnahmen durchgeführt?

3. Liegen Hinweise zu Personen darüber vor, daß das an den Strecken der Deutschen Reichsbahn in Erscheinung treten auf echte/unechte Hobbyinteressen schließen läßt?

4. Steht der festgestellte Anfall im Zusammenhang mit militärischen Bewegungen auf der Schiene bzw. vollzog er sich in der Nähe der Deutschen Reichsbahn liegenden M-Objekte (militärische Objekte) ? Bei Anfall vorgenannter Pkw bitten wir um Überstellung des konkreten Sachverhaltes. Der Überprüfungszeitraum sollte die Jahre 1975-1977 umfassen. Um baldige Erledigung wird gebeten.«

Spors erwartete nicht mehr und nicht weniger als eine landesweite Überprüfung unserer Aktivitäten über einen Zeitraum von drei Jahren!

Mit Volldampf in ein neues Jahr – Was für uns ohnehin galt, könnte auch das Motto der Staatssicherheit gewesen sein, denn die Ermittlungen bekamen eine völlig neue Qualität. Insofern symbolisiert die bei Unterwellenborn bergwärts stampfende 44 0324 durchaus treffend den Aufbruch ins Jahr 1978.
Foto: Burkhard Wollny

Doch offenbar war dieser Auftrag doch eine Nummer zu groß, jedenfalls war der Rücklauf dürftig: Einzig die Bezirksverwaltung für Staatssicherheit Gera meldete am 1.Februar 1978, also nach über einem Monat, daß der Pkw Audi des Müller, Wolfram, aus Berlin bei einer Sonderfahrt am 24. September 1977 gesichtet worden sei.

Und so endete das Jahr 1977 für die Staatssicherheit eher unbefriedigend.

»Der Aufklärungsprozeß muß neu profiliert werden«

1978

»Es scheint fast, als sei es den Detektiven seinerzeit zu kalt zum Verfolgen gewesen« – In der Tat: Kalt war es am Dreikönigstag 1978, als 01 531 bei strahlendem Sonnenschein mit ihrer Doppelstockgarnitur Saalfeld verließ.
Foto: Stephan Franz

Das Jahr 1978 ist vielen Dampflokfreunden noch heute in guter Erinnerung, denn bereits in den ersten Januartagen brachte es in ganz Deutschland viel Schnee, dem dann sonnige und „knackig kalte“ Tage folgten – beste Voraussetzungen also für stimmungsvolle Winteraufnahmen. Ich habe daher auch ein Winterbild als Einstieg in dieses Kapitel gewählt, das in jenen ersten Januartagen in Saalfeld entstanden ist.

Während wir uns also durch die Kälte nicht abschrecken ließen, scheint es fast, als sei es den „Detektiven“ seinerzeit zu kalt zum Verfolgen gewesen, denn über ihr Wirken ist aus den ersten Wochen des Jahres nichts Wesentliches zu berichten, sieht man einmal von der bereits erwähnten Rückmeldung aus Gera vom 1. Februar ab. Ob es den Genossen zu frostig zum Observieren war?

Am 4. März 1978 weist die Akte wieder verstärkte Aktivitäten nach – wir hatten in der Zwischenzeit schon mehrfach erfolgreiche Touren unternommen – so waren meine Mitstreiter beispielsweise am 18. Februar 1978 bei einer Sonderfahrt im Thüringer Wald gewesen. Daß sie dort unter massiver Beobachtung standen, schildert die Akte mit einer Notiz vom 27. März 1978. Da diese Episode jedoch eine eingehendere Würdigung verdient, möchte ich der Chronologie des Aktenmaterials hier nicht vorgreifen.

Nachdem in der zweiten Hälfte des Jahres 1977 fast nur noch die Genossen in Potsdam bzw. Berlin aktiv gewesen waren, durften sich am 4. März wieder einmal die Genossen der Passkontrolleinheit Hirschberg zu Wort melden. Um uns unserem „Rang entsprechend“ zu betreuen, scheuten die Organe weder Kosten noch Mühen: In aller Frühe, morgens um 7.50, stellte die Deutsche Post mehreren Empfängern quer durch die Republik ein als »dringend«

Auch über den 11. Februar 1978 schweigt sich die Akte aus – dabei weilte ich an diesem Tag im Thüringer Wald und beobachtete 95 043 auf der Fahrt durch das winterliche Steinach. Telegrafenmasten unterschiedlicher Größe flankieren die Strecke.
Foto: Burkhard Wollny

eingestuftes Telegramm zu. Die Adressaten waren die Bezirksverwaltung Gera, Abteilung VI, die Kreisdienststelle (KD) Saalfeld, Abteilung 19 und die Bezirksverwaltung Potsdam, wiederum Abteilung VI.

In diesem Telegramm teilte die PKE Hirschberg den Adressaten mit, »daß Wollny, Burkhard, der Pkw WN-E 802, Halter nicht bekannt, Franz Stephan, Schlipf Dieter, um 7.00 Uhr zur Tageseinreise an der GÜST Hirschberg erschienen«.

Wie gesagt, sie scheuten weder Mühen noch Kosten, daher kommt das Telegramm auch mit vollständigen Sätzen und nicht mit den telegrammtypischen Verstümmelungen daher.

Weiter heißt es:

Als Reiseziel wurden die Orte Arnstadt, Saalfeld, Jena und Gera angegeben. Als Grund der Reise wurde durch die Reisenden touristisches Interesse angegeben. Bei der Zollkontrolle wurden 6 Fotoapparate und 10 schwarz-weiß Filme festgestellt. Nach Angaben der Reisenden sollen Anlagen der deutschen Reichsbahn in den o.g. Orten fotografiert werden. Zu Saalfeld äußerte der Wollny, daß sie ein gutes Verhältnis zur Transportpolizei hätten und diese habe nichts dagegen, daß sie fotografierten. In Saalfeld wollten sie Bahnsteige und Reisende aufnehmen. Durch das GZA (Grenzzollamt) wurde bekannt, das bei ihnen eine Weisung besteht, wonach die Personen darauf aufmerksam zu machen sind, daß wenn sie keine Genehmigung vorweisen können, ihnen die belichteten Filme bei der Ausreise abgenommen werden. Am 3.3.1978 gab es bereits einen ähnlichen Fall, bei dem es bei der Abwicklung Unstimmigkeiten zwischen PKE und GZA gab. Da heute nach der Meinung des Zugführers des GZA immer noch keine Absprache erfolgt ist, wurde durch GZA gegenüber den o.g. Personen die Maßnahme nicht ausgesprochen.

»Die Maßnahme wurde nicht ausgesprochen« – Die »Maßnahme« war die Beschlagnahmung unserer belichteten Filme! Am 4. März 1978 sind wir haarscharf am GAU vorbeigeschrammt, und so kann ich heute diese beiden Bilder präsentieren:
95 027 verläßt mit grandiosem Rauchpilz Blechhammer im schönen Tal der Steinach,
95 028 mit ihrem Güterzug macht es ihr in Rauenstein nach. Es wäre doch schade gewesen, wenn diese Bilder verloren gegangen wären, nicht wahr?
Fotos: Burkhard Wollny

Ein Glück, daß wir dieses Telegramm erst 20 Jahre später zu Gesicht bekamen... An diesem 4. März 1978 sind wir haarscharf am GAU (Größten Anzunehmenden Unfall) vorbeigeschrammt. Der Verlust von belichteten Filmen wäre so ziemlich das Schlimmste gewesen, was uns hätte passieren können. Schon damals war uns klar, daß der allergrößte Teil der von uns gemachten Aufnahmen nicht wiederholbar war – zumal seinerzeit auch in der DDR immer mehr Dampfloks bzw. Baureihen verschwanden. Es war ein Glück, daß die sonst so „absprachewütigen" Behörden just in diesem Fall eine »Absprache« zu wenig getroffen hatten.

Dabei hatte es einen Tag zuvor eine Zusammenkunft unseretwegen gegeben. Aus einem Vermerk vom 8. März 1978 der Hauptabteilung XIX, Abteilung III/3, Berlin, (bestätigt von einem Oberst Ullrich) geht hervor, daß sich am 3. März bei Oberst Ullrich die Genossen Oberstleutnant Schulz und Major Kühn sowie Generaloberst Rudi Mittig (seinerzeit Stellvertreter des Ministers für Staatssicherheit Erich Mielke, Armeegeneral und Politbüromitglied) zur »Absprache« trafen.

Ehre wem Ehre gebührt – jetzt befaßte sich sogar schon der stellvertretende Minister mit uns. Freilich konnte auch er nicht verhindern, daß die Besprechung zu etwas „nebulösen" Ergebnissen kam:

Die Herren stellten fest, »daß das bisherige Ergebnis nicht ausreicht, um eine deutliche Aussage zu treffen«. Die Runde hielt uns für »sogenannte Reisespione«, die ihre häufigen Einreisen in die DDR mit der Legende des »Modellbahn- oder Eisenbahnhobbys« genial abdecken können. Die Konsequenz daraus kennen wir schon: Man erteilte den Auftrag, »Maßnahmen zur forcierten und offensiven operativen Bearbeitung der OPK »Fotograf« einzuleiten, die es ermöglichen, das Tätigwerden dieses Personenkreises in den nächsten drei Monaten eindeutiger zu bestimmen«. Und weil die Sprache der Akten bzw. der Staatssicherheit ja zu Beginn dieses Buches breiten Raum einnimmt, möge an dieser Stelle einmal mehr der „O-Ton Stasi" zu Wort kommen:

»Auf folgende Schwerpunkte/Maßnahmenkomplexe wurde orientiert:

1. In Koordinierung mit der HA VI sind alle Möglichkeiten zu prüfen und zu erschließen, die Ein-Ausreisetätigkeiten der sechs bekannten Personen lückenlos zu kontrollieren. An den Güst sind die Möglichkeiten der Kontrollkräfte zur gezielten Gesprächsführung, Abschöpfung und Kontrolle differenziert zu nutzen. Bei langfristig geplanten Einreisen sind in den Zielorten mit den entsprechenden Diensteinheiten, wie z.B. Kreisdienststellen, Abteilungen II, VIII usw. Vorbereitungen zur lückenlosen Kontrolle einzuleiten. Ausreisekontrollen sind differenziert bei Vorliegen echter Hinweise oder Verdachtsmomente zu organisieren.

2. Über die Hauptabteilung VIII ist die Aufklärung der sechs bekannten Personen im Operationsgebiet zu organisieren. Die Aufklärung muß u.a. umfassen:

Persönlichkeitsbild, Arbeitsstelle, Beruf, Arbeitszeit, Interessengebiete, Verdienst, Freizeitverhalten, Vermögen einschließlich Besitz von Kfz, Verhalten nach Rückkehr aus der DDR, Verbindungen zu Personen oder Institutionen usw.

Ein Freund der deutschen Sprache wendet sich mit Grausen angesichts der Tatsache, daß hier auf Maßnahmenschwerpunkte »orientiert wurde«...

Es bleibt noch nachzutragen, daß »bei Notwendigkeit der Einsatz spezieller Technik beim Leiter der HA XIX zu beantragen« war.

Im Gegensatz zu mir war Detlev Hommel aus Erfurt am 18. Februar 1978 tatsächlich und leibhaftig bei der DMV-Sonderfahrt durch den Thüringer Wald dabei und fotografierte 94 1292 bei einem Fotohalt im Bahnhof Schleusinger-Neundorf. Ich hingegen wurde offenbar durch einen unbekannten Doppelgänger vertreten...
Foto: Detlev Hommel

Dem Sprachstil folgend sage ich dazu: es kann als wahrscheinlich angenommen werden, daß darunter unter anderem Abhörgeräte zu verstehen sind.

Nach diesen Ausführungen machen wir jetzt gedanklich einen kleinen Schritt zurück und gehen zum 18. Februar 1978. An diesem Tag fand auf der Strecke Erfurt–Ilmenau–Schleusingen eine Sonderfahrt des DMV der DDR mit einem dampflokbespannten Sonderzug statt. Zuglok war die noch heute aktive und allseits bekannte 94 1292, und die Anziehungskraft dieser Lok war damals schon groß genug, daß auch wir uns für die Sonderfahrt interessierten. So beantragten einige meiner Freunde gemeinsam für diesen Tag eine Einreise nach Erfurt, während ich – leider – „passen“ mußte: ich weilte an diesem Tag weit weg auf der Schwäbischen Alb und fuhr mit dem Dampfsonderzug der Ulmer Eisenbahnfreunde, gezogen von 86 346, von Amstetten nach Gerstetten und zurück.

Über die Sonderfahrt im Thüringer Wald und die eingeleiteten Maßnahmen berichtet eine Notiz aus der Feder von Oberstleutnant Schulz vom 27. März 1978. Schulz stellte fest, daß

»für diesen Tag (...) Antragstellungen der in der OPK bearbeiteten Personen in den Raum Erfurt vor(lagen), so daß ihre Teilnahme an der Veranstaltung als wahrscheinlich angesehen werden konnte.«

Diese Einschätzung war im Wesentlichen richtig, und so kam es, daß das Ministerium mit großem Aufgebot diese Sonderfahrt überwachte. Um die Überwachung zu erleichtern, wurde der IM »Kleinbahn« eingeschaltet. Er sollte erreichen, »daß der DDR-Bürger W. persönlich Kontakt mit den WB-Bürgern aufnehmen sollte, mit dem Ziel, diese an den IM heranzuführen«. Offenbar konnte »Kleinbahn« den DDR-Bürger W. überzeugen, denn W. sicherte seine Teilnahme an der Sonderfahrt zu.

Aber dann: Vielleicht war »Kleinbahns« Überzeugungskraft doch nicht groß genug gewesen, vielleicht war es auch nur die Kälte...Kurz und gut, der Bericht stellt fest:

»Aus bisher unbekannten Gründen erschien W. jedoch nicht zur Veranstaltung. Dadurch konnte die geplante Kontaktaufnahme über W. zu den Verdächtigten nicht realisiert werden. Die Umstände des Nichterscheinens des W. werden überprüft.

Bei der am 18.2.1978 stattgefundenen Sonderfahrt wurden Beobachtungsmaßnahmen durch Kräfte der BV Potsdam, Abt. XIX, durchgeführt. Dadurch wurde die Teilnahme der verdächtigen Personen

Franz, Wollny, Risch, Kuom, Müller

an der Sonderfahrt festgestellt und dokumentiert. Die genannten Personen begleiteten die Fahrt mit zwei Pkw. Die festgestellten Verhaltensweisen aller genannten Personen belegen eindeutig vorhandene Hobbyinteressen.«

Ich wäre gerne dabeigewesen – aber ich war es nicht. Es mußte ein Doppelgänger von mir gewesen sein, denn ich weilte, wie erwähnt, nachweislich auf der Schwäbischen Alb. Die Stasi allerdings war sich ihrer Sache sicher, denn sie erkannte vier Personen »laut Bildvorlagen«.

Unter diesen vier Personen wähnten die Verfolger auch mich. Laut Beobachtungsbericht vom 23. Februar 1978 begann die Beobachtung in aller Frühe morgens um 6.00 Uhr in Erfurt auf dem Bahnsteig 2.

Allerdings scheint die Stasi an diesem kalten Februartag etwas »geschludert« zu haben, denn weiter tauchen in dem Bericht Namen und Fahrzeuge auf, die mit uns nicht das geringste zu tun hatten. So wird beispielsweise eine »männliche Person aus Potsdam« mit uns in Verbindung gebracht, die sich durch ein »rundes, volles faltiges Gesicht« und eine »hohe Stimmlage (auffällig)« auszeichnete – leider ist uns dieser sympathische Zeitgenosse bis heute unbekannt geblieben. Um 17.00 Uhr wurde die Beobachtung abgebrochen.

Abschließend wird von der B-Gruppe »eingeschätzt, daß eine Dekonspiration nicht stattgefunden hat«...

Schon Goethe wußte, daß der Mensch »irrt, solang er strebt«, und auch die sonst so gründlich arbeitende Maschinerie des DDR-Geheimdienstes war nicht immer frei von Fehlleistungen – es hat schon etwas tröstliches, wenn selbst in einem derartigen Apparat wenigstens ab und zu menschliche Schwächen durchblitzen. Jedenfalls blieb der oben genannte nicht der einzige Irrtum. In der erwähnten Notiz vom 27.März 1978 hält Oberstleutnant Schulz beispielsweise an anderer Stelle fest:

»Laufende operative Fahndungsmaßnahmen bei den Abteilungen M aller Bezirke sowie bei der HA VI bestätigen erneut den Verdacht, daß die bisher bekannt gewordenen DDR-Kontaktpartner der Verdächtigen lediglich zur Erlangung von Einreisevisa in die DDR genutzt werden.

Der Verdächtigte Franz schrieb am 10.1.78 den Bürger M. aus Schönheide mit der Bitte um Beantragung einer besuchsweisen Einreise an. Im Brieftext heißt es: ‚Wir würden uns nur anmelden, jedoch im Thüringer Wald wohnen. Ich komme am 11. oder 12.2.78 auf Tagesaufenthalt vorbei, um die Visa mitzunehmen.‘ Auf Grund dieses Ersuchens beantragte M. für diese Personen eine besuchsweise Einreise für den Zeitraum 18.2. bis 12.3.1978.

Franz reiste am 11.2.1978 gemeinsam mit Wollny um 8.25 Uhr aus touristischen Gründen über die GÜST Hirschberg ein. Beantragte Reiseziele waren die Kreise Saalfeld, Weimar und Jena. Da diese Ein-

Thüringer Winter: Bereits im Januar 1978 entstand dieses Foto in Orlamünde. Das Ensemble an dieser Fotostelle, bestehend aus Wasserkran, Formsignalen, Stellwerk mit Wasserturm, ist im Zuge der Elektrifizierung abgerissen worden. Und 01 529 ist auch den Weg alten Eisens gegangen, sie wurde am 8.7.83 ausgemustert.
Foto: Stephan Franz

reise offensichtlich zum Zweck der Visaabholung erfolgte, weichen beide Personen von den beantragten Reisezielen ab. Eine Dokumentierung konnte nicht erfolgen, da die BV Gera, Abteilung VIII, Beobachtungskräfte nur bis 8.00 Uhr zur Verfügung stellte, die Einreise jedoch erst 8.25 Uhr erfolgte.«

Und auch hier irrte die Stasi gewaltig. Tatsächlich sind wir am 11. Februar 1978 in den Kreis Saalfeld eingereist. Aus meinen eigenen Unterlagen geht hervor, daß wir bei ungünstiger Witterung zwischen Sonneberg und Saalfeld die 95er fotografiert haben. Das Foto auf Seite 79 beweist dies. Doch wie das im Leben so geht – der gewaltige Apparat der Staatssicherheit hatte keine Leute… Deswegen mußte der Beobachtungsauftrag abgebrochen werden, noch ehe er begonnen hatte. Und damit am Ende doch etwas Verdächtiges auf dem Papier steht, formuliert man eine Mutmaßung…

Hätte die Stasi den Beobachtungsauftrag nur noch 25 Minuten länger ausgeführt, so hätte sie die Wahrheit erfahren.

Der Bericht von Oberstleutnant Schulz endet mit den „verheißungsvollen" Worten: *»Die nächste Großveranstaltung des DMV der DDR in Form einer Sonderfahrt findet am 6.5.78 im Raum Berlin-Potsdam statt. Da zu erwarten ist, daß die Verdächtigen an dieser Veranstaltung teilnehmen, werden Vorbereitungen getroffen, um Kontaktaufnahmen durch weitere IM zu ermöglichen.«*

Wie wir sehen werden, hat hier die Stasi mit einem Riesenaufgebot alle Register ihres Könnens gezogen. Doch davon später.

So hätte das Katz- und Mausspiel nun immer weiter gehen können – aber das war nicht im Sinne der Staatsschützer. Nachdem sie sich lange genug in den OPV »eingearbeitet« hatten, »Absprachen« getroffen hatten, »Maßnahmen profiliert« und versucht hatten, IM »anzuschleusen«, wollten sie nun endlich auch einmal Erfolge sehen.

Am 22. März 1978 fanden sich die an der OPK Beteiligten bei Oberst Ullrich (Leiter der HA XIX) zur Lagebesprechung ein. Unisono stellten sie fest, daß es *»aufgrund der unkontinuierlichen Stellung von Anträgen der 6 erfaßten Bürger aus WB noch zu keinen nennenswerten Ergebnissen bei der Fahndungstätkeit und den darauf aufbauenden op. Maßnahmen gekommen ist. In diesem Zusammenhang wurden Darlegungen zum derzeitigen Zeitaufwand bei der Gestaltung einer effektiven Fahndungsarbeit gemacht.«*

Ganz klar, die Detektive wurden unzufrieden.

Die Konferenzteilnehmer vereinbarten, zur Beschleunigung der Aufklärungsarbeiten die DDR-Kontaktpartner verstärkt in Anspruch nehmen zu wollen.

Die Notiz über diese Besprechung stammt von einem alten Bekannten: Hauptmann Ansorge. Er hebt im gleichen Papier besonders hervor, daß der Fahrzeugpark laufend dokumentiert werden solle, ebenso die mitgeführten Ausrüstungsgegenstände. Ferner fordert er die Dokumentation von Wegen und Varianten, die für die Einreise in die DDR dargestellt werden.

Daß die Jäger langsam unter Druck, und zwar unter Erfolgsdruck, gerieten, verrät

unmißverständlich der abschließende Hinweis, daß die Ziele durchgesetzt werden müssen.
Überprüft werden sollten die Ergebnisse auf einer weiteren Beratung, die Ende Mai 1978 stattfinden sollte.
Ganz ähnlich wie diese Notiz aus Potsdam liest sich auch ein Bericht aus Berlin, angefertigt von Oberstleutnant Schulz (Leiter der Abteilung III in der Hauptabteilung XIX, Berlin) und datiert vom 14. April 1978. Auch aus seinen Zeilen spricht der Mißmut darüber, bislang ohne nennenswerte Erfolge geblieben zu sein:
»Die beweisfähige Dokumentierung der mutmaßlichen staatsfeindlichen Tätigkeit gelang nicht. Es gelang nicht, die Verdächtigten während ihres DDR-Aufenthalts im Berichtszeitraum unter operative Kontrolle zu bekommen. Trotz intensiver Bemühungen konnten erforderliche Beobachtungsmaßnahmen bei den zuständigen Abteilungen VII und der HA VII nicht erwirkt werden. Des weiteren wurden durch die HA VI nur zeitlich begrenzte Fahndungsmaßnahmen an Güst übernommèn.«
Streng genommen ist das das Eingeständnis einer Niederlage.
Doch die verantwortlichen Geheimdienstler bleiben hartnäckig. Nicht Aufgabe, sondern verstärkte Initiative ist die Devise:
»Die DDR-Kontaktpartner sind sofort und gründlich aufzuklären. Es kann zur Zeit keine Aussage getroffen werden, weshalb die DDR-Bürger ‚Hilfsdienste' zur Erlangung für Einreisen durch die Verdächtigten leisten und welche Bereitschaften und Aktivitäten dazu vorhanden sind. Es ist unbedingt zu klären, was machen die DDR-Bürger selbst, üben sie möglicherweise eine staatsfeindliche Tätigkeit aus und liefern sie nur ab? Die bisher unbefriedigende Fahndungsarbeit muß grundlegend geändert werden. Ohne eine lückenlose Kontrolle der Verdächtigten ist keine Aussage über deren Tätigkeit und Aktivitäten möglich. Durch den Leiter der Abt. III Genosse OSL Schulz ist in einer persönlichen Rücksprache mit der HA VI zu klären, daß alle notwendigen operativen Informationen über Einreisen der Verdächtigten sichergestellt sind. Es ist zu überlegen, mit welchen Mitteln die Verdächtigten nach Einreisen unter Kontrolle gebracht werden können, sowohl bei Einreisen für einen Tag als auch für längere Zeiträume. Es ist erforderlich, Wege und Bewegungen der Verdächtigten nach Raum, Zeit und Ort zu dokumentieren. Handlungen der Verdächtigten sind fotografisch zu sichern. Bei operativen Feststellungen ist zu prüfen, was ermöglicht uns ggf. eine sofortige Kontrolle der Verdächtigten. Durch Fahndungsmaßnahmen ist festzustellen, wer ist Eigentümer der benutzten Kfz. Die Angaben sind zu dokumentieren. Es ist zu prüfen, welche Kontrollmöglichkeiten, die den Verdächtigten nicht auffallen, können beim Grenzübertritt durchgeführt werden. Der IM-Einsatz ist zu forcieren, um mit den Verdächtigten ins direkte Gespräch zu kommen.«
Endlich einmal ein Bericht, dessen Inhalt an Deutlichkeit nichts zu wünschen übrig läßt. Die genannten Maßnahmen stimmten mit den Ausführungen im zuvor ge-

Die Pension Geier am Bahnhof Lichte war seinerzeit ein beliebtes Quartier für Eisenbahnfreunde, fuhren doch dort in nächster Nähe die 95er vorbei. In jenen Februartagen, als dieses Bild entstand, konnte »eine Dokumentierung nicht erfolgen, da die BV Gera Beobachtungskräfte nur bis 8.00 Uhr zur Verfügung stellte, die Einreise jedoch erst 8.25 Uhr erfolgte.«
Foto: Stephan Franz

Anfang Mai sollten die »Bewegungen der Verdächtigten nach Raum, Zeit und Ort dokumentiert« werden. Am 2. Mai 1978 bekam ich davon allerdings nichts mit und fotografierte bei mäßigem Wetter in Saalfeld. Die beiden alten Herren nehmen von der geräuschvoll ausfahrenden 95er in Saalfeld keinerlei Notiz, während unten das Stellwerk Flagge zeigt, als 01 509 nach Jena ausfährt.
Fotos: Burkhard Wollny

nannten Bericht inhaltlich weitgehend überein, vermutlich fand hier eine Abstimmung statt. Insofern waren Berlin und Potsdam also auf einer Linie. Der amtierende Leiter der Abteilung XIX Potsdam, Genosse Major Knabe, gab den Ausführungen des Genossen Oberst Ullrich seine Zustimmung, die nächste Beratung wurde für den 13. Juni 1978, 9.00 Uhr festgelegt.

Schon gute zwei Wochen später durfte ich buchstäblich erfahren, wie die »Dokumentation der Bewegungen der Verdächtigten nach Raum, Zeit und Ort« in der Praxis vor sich ging.

Am 4. Mai 1978 war Saalfeld mein Reiseziel. Die Autobahn Hof–Berlin verließ ich an der Anschlußstelle Dittersdorf. Schon bei Annäherung an die Ausfahrt sah ich auf der Brücke über der Autobahn einen hellgrauen Wartburg stehen, der langsam anfuhr, als ich auf die Ausfahrspur abbog. Die Autobahnausfahrt mündete in diese Straße, an der Einmündung bog ich links nach Neustadt an der Orla ab. Im Rückspiegel beobachtete ich, wie der Wartburg wendete und hinter mir herfuhr. Nach ungefähr 5 Kilometern fiel mir auf, daß der Wagen weder schneller noch langsamer als ich fuhr. Das war ein untrügliches Indiz dafür, daß sich hinter dem Fahrzeug irgendein „Organ“ verbarg.

Schließlich erreichten wir Neustadt. An einer Ampel blinkte ich links in Richtung Saalfeld. Der Wartburg, mit einem Mann

Während ich am 4. Mai 1978 mit meinen Verfolgern beschäftigt war, stellten meine »Mitstreiter« den Tag unter das Motto »Personalaufnahmen«. Zunächst sehen wir 95 016 in Ernstthal. Der Schrankenwärter ruht auf einem selbstgebastelten Holz-Liegesitz!
Foto: Karsten Risch,

Links unten wird eine andere 95er am Bahnsteig in Saalfeld abgeschmiert.
Foto: Burkhard Wollny

Unten rechts hat der Fotograf im Bw Saalfeld die attraktive Drehscheibenwärterin abgelichtet. Dieses Foto hätte normalerweise sofort eine Verhaftung zur Folge gehabt, aber in diesem Fall führte eine Sonderfahrt ins Bahnbetriebswerk.
Foto: Hans Riegert

und einer Frau besetzt, tat desgleichen. Als die Ampel grün wurde, startete ich zügig – allerdings ignorierte ich meinen links gesetzten Blinker und fuhr nach rechts in Richtung Triptis. Der Wartburg hatte keine Chance, mir zu folgen, da ich unterwegs einige andere Autos überholte. In Triptis angekommen, wendete ich in der Stadtmitte und fuhr wieder gen Saalfeld. Am Ortseingang kamen sie mir entgegen. Ich erinnere mich noch an den verzerrten Gesichtsausdruck der sonnenbebrillten Gestalten. Da es natürlich auch über diesen Vorgang ein Protokoll gibt, nehme ich an, daß noch mehr Informanten auf mich angesetzt waren, denn das Protokoll berichtet eine ganze Reihe Einzelheiten.

Auch im Bahnhof Saalfeld wurde ich bereits erwartet. Am Eingang stand ein Mann mit Aktentasche. Er hatte schmierigfettige, zurückgekämmte Haare und war

Gen. Oberst Kleinert
Rücksprache

14.4.78

Bezirksverwaltung für
Staatssicherheit Potsdam
Abteilung XIX

Potsdam, den 05. 04. 1978
Ka/Bu
Tgb.-Nr.: XIX/ 431 /78

BStU
000225

Ministerium
für Staatssicherheit
HA I/Stab

B e r l i n

Bearbeitung eines op. Materials wegen Verdacht der Feindtätigkeit

Durch hiesige DE werden in dem op. Material "Fotograf" 6 BRD/WB-Personen bearbeitet, die unter der Variante Lokmotiven der DR fotografieren zu wollen, seit 1975 sehr häufig in das Gebiet der DDR einreisen.
Op. Hinweise belegen, daß sich einige dieser Personen an Strecken mit Militärverkehr, ausgehend von ihrem Hobby, aufhielten.
Da dieser Personenkreis in die unterschiedlichsten Bezirke und Städte einreist, bitten wir um Herausarbeitung über stattgefundene milit. Bewegungen in den nachbenannten Kreisgebieten (siehe Anlage 1).

Um baldige Erledigung wird gebeten.

Stellvertreter Operativ
Ribbecke
Oberst

Leiter der Abt. XIX
S p o r s
Oberstleutnant

Hauptabteilung I/Stellvertreter
des Leiters und Ltr. des Stabes (k)

Berlin, 9. Mai 1978
621 /78

BStU
000222

BV für Staatssicherheit
Abteilung XIX
Leiter

P o t s d a m

MfS/Po
Eing. am 11. Mai 1978
Tgb. Nr. 740/78
Weiter an: Gen. Sprs [?]
Bu

Operatives Material wegen Verdacht der Feindtätigkeit

Die zur Erfüllung unserer pol.-op. Aufgaben notwendigen Unterlagen und Pläne des MfNV bezüglich militärischer Übungen und Truppenbewegungen, sind entsprechend unserer Ebene so gehalten, daß aus ihnen detaillierte Angaben wie militärische Bewegungen im Kreismaßstab, nicht entnommen werden können.

Entsprechenden Auskünften im MfNV zufolge sind dort mit Truppenbewegungen verbundene Maßnahmen ab Verband aufwärts nachweisbar. Jedoch enthalten diese Unterlagen ebenfalls keine Angaben über den genauen Zeitpunkt und die Marschstrecke, da dieses von dem jeweiligen Kommandeur in eigener Zuständigkeit festgelegt wird. Dies gilt analog für die im Bereich der Verbände geplanten Maßnahmen der Truppenteile und Einheiten.

Aus den vorgenannten Gründen ist es uns nicht möglich, eine Aufstellung von Truppenbewegungen nach den von Ihnen gewünschten Gesichtspunkten zu erarbeiten. Wir können Ihnen lediglich die in den a Reiseziel genannten Orten stationierten Truppenteile und Einheiten der NVA, außer der Dislozierung der sowjetischen Streitkräfte, nenne

Als Anlage erhalten Sie eine entsprechende Aufstellung.

Hubatschek
Oberstleutnant

»Ohne eine lückenlose Kontrolle der Verdächtigten ist keine Aussage über deren Tätigkeit und Aktivitäten möglich.« – Die Ergebnisse der hier abgedruckten Anfrage der BV Potsdam an das Ministerium HA I/Stab in Berlin fanden im umseitig zitierten Bericht von Oberstleutnant Schulz keine Erwähnung, weil der Stellvertreter des Leiters und Ltr. des Stabes (k) der Hauptabteilung I, Oberstleutnant Hubatschek, erst am 9. Mai die entsprechende Aufstellung erbrachte. Allerdings hätte Schulz auch wenig neue Erkenntnisse daraus gewinnen können, denn aus militärischen Gründen war es Hubatschek nicht möglich, »eine Aufstellung von Truppenbewegungen nach den (...) gewünschten Gesichtspunkten zu erarbeiten. Immerhin erfahren wir, welche Truppenteile und Einheiten der NVA in den als Reiseziel genannten Orten stationiert waren – mit Ausnbahme der »Dislozierung der sowjetischen Streitkräfte« – wären wir wirklich CIA-Agenten gewesen, hätten uns diese freilich am meisten interessiert...

Anlage

Ort	Anzahl der TT bzw. Einheiten / Waffengattung
Angermünde	keine
Arnstadt	keine
Aue	1 Werkstatt der NVA
Beeskow	keine
Bernau	1 TT Baupioniere / 1 TT LSK/LV
Calau	keine
Cottbus	11 TT bzw. Einheiten der LSK/LV
Dessau	2 TT LaSK
Döbeln	2 TT LaSK
Dresden	8 TT bzw. Einh.LaSK/ 2 TT LSK/LV/ MAK "F.Engels"
Eberswalde	1 Werkstatt der NVA
Erfurt	14 TT bzw. Einh. LaSK/ 4 Einh.GT / 1 Einh. LSK/LV
Frankfurt/O	2 Einheiten LaSK / 2 Einheiten GT
Fürstenwalde	2 Einheiten LSK/LV
Halle	11 TT bzw. Einheiten LaSK
Ilmenau	keine
Jena	1 Einheit LaSK
K.-M.-Stadt	1 Lager der NVA
Leipzig	12 TT bzw. Einheiten LaSK
Lübben	keine
Magdeburg	3 Einheiten GT
Meißen	keine
Pasewalk	3 Einheiten LaSK
Pirna	3 Einheiten LaSK
Plauen	4 TT bzw. Einheitan GT
Quedlinburg	keine
Rostock	3 TT LaSK / 8 Einheiten VM
Saalfeld	keine
Senftenberg	keine
Stendal	4 Einheiten GT
Strausberg	MfNV / 3 TT LaSK / 3 Einheiten LSK/LV
Weimar	keine
Wernigerode	keine

TT	=	Regiment und sst. Btln.
Einheit	=	sst. Zug / sst. Kompanie / Na-Zentralen / Lazarett usw.
LaSK	=	Landstreitkräfte
LSK/LV	=	Luftstreitkräfte
VM	=	Volksmarine
GT	=	Grenztruppen

Nicht aufgeführt sind WBK und WKK einschließlich der zu ihnen gehörenden Einrichtungen.

b.w.

mit einer blauen Plastejacke bekleidet. In der Aktentasche war eine Kamera, doch das erfuhr ich erst durch das Studium der Akte. Den Erfolg seiner fotografischen Bemühungen möchte ich Ihnen freilich nicht vorenthalten, daher präsentiere ich die Bilder Ihnen nachfolgend.

Am 4. Mai 1978 fotografierte uns die Staatssicherheit im Bahnhof Saalfeld. Zum Einsatz kamen zwei Personen, einer mit einer hellbraunen Wildlederjacke, der andere, der sich durch schwarze, fettige Haare auszeichnete, mit einer blauen Plaste-Jacke. Letzterer setzte seine Aktentaschenkamera ein. Durch den niedrigen Aufnahmestandpunkt ist dies gut zu erkennen. Drei Fotos von Stephan Franz und mir sind auf dem Bahnsteig aufgenommen worden, das vierte am Bahnhofsvorplatz. Im Hintergrund ist ein russischer Wolga zu erkennen. Es ist uns nicht aufgefallen, daß wir fotografiert worden sind. Die Herren fertigten über uns eine Einschätzung an, die für sich selbst spricht.
Fotos: MfS, Archiv BStU

Doch er war nicht allein, Ein Kollege von ihm verfolgte uns auf den Bahnsteig und fragte dort eine Reichsbahnerin, was denn die Fotografen hier machen. Die richtige Antwort folgte gleich:
»Die knipsen die alten Dampfloks, das sind Eisenbahnfreunde!«
Offenbar war er mit dieser Antwort zufriedengestellt, denn er verschwand und ward nie mehr gesehen. Hätte er doch die Antwort nach Potsdam weitergeleitet, dann wäre vielleicht doch die Akte geschlossen worden. Aber das war wohl wegen der »Beschäftigungspolitik« nicht erwünscht. Der komplette Beobachtungsbericht umfaßt auch eine angeblich Beobachtung in Saalfeld/Gorndorf. An diese kann ich mich nicht mehr erinnern. Ob hier etwas gedichtet worden ist?

MINISTERRAT
DER DEUTSCHEN DEMOKRATISCHEN REPUBLIK
Ministerium für Staatssicherheit

BStU
000061

Hauptabteilung/Abteilung/Referat VIII/5
Bezirksverwaltung/Verwaltung Gera
Sachbearbeiter Richter
Telefon 8589/218

Hauptabteilung/Abteilung XIX
Bezirksverwaltung/Verwaltung Potsdam
Kreis-/Objektdienststelle des Ministeriums für Staatssicherheit

Gera, 10. 5. 1978
Ri/Re
Tgb.-Nr. 1507/78

Beobachtungsbericht

Betr. Franz, Stephan geb. am: [redacted]
Wohnhaft [redacted]
Decknamen "Fotograf" Reg.-Nr. des Auftragsersuchens 44/78
Für die Zeit vom 4. 5. 1978 bis 4. 5. 1978

Donnerstag, 4. 5. 1978, 6.00 - 8.58 Uhr

6.33 Uhr wurde "Fotograf" auf der Autobahn Hirschberg/Hermsdorfer Kreuz in Höhe der Abfahrt Schleiz aufgenommen. "Fotograf" war Beifahrer des Pkw

Typ: VW Golf
Farbe: rot
Polz. Kennz.: ES - ZP 755,

der von der bekannten männlichen Person gefahren wurde. Diese Person läuft im weiteren Bericht unter dem Deckname "F1".

6.39 Uhr verließen sie an der Abfahrt Dittersdorf die Autobahn und fuhren in Richtung Neustadt. Auf der Landstraße bis Ortseingang fuhren "F" und "F1" mit stark unterschiedlichen Geschwindigkeiten (50 - 110 km/h).

BStU
000072

2

6.50 Uhr wurde die Ortslage Neustadt in Richtung Triptis passiert.

7.01 Uhr wendeten sie ihren Pkw in Triptis an der Zufahrtstraße zum Marktund fuhren ohne Halt langsam zurück in Richtung Neustadt/Saalfeld. Ohne Aufenthalt fuhren "F" und "F1" in Saalfeld direkt den Parkplatz vor dem Bahnhof, wo sie

7.49 Uhr ihren VW abpakrten. Sie entnahmen dem Fahrzeug eine große braune Reisetasche, welche "F1" an sich nahm sowie eine helle große Segeltuchtasche, die "F" trug. Gleich darauf (B1-3 betraten sie das Bahnhofsgebäude und gingen auf den Bahnsteig 1. Nach ca. 1 Min. verließen sie diesen wieder und ginger auf den Bahnsteig 2. Dort fragte "F" einen Angehörigen der Transportpolizei: "Wann geht es los?" In der Folgezeit bis

8.17 Uhr hielten sich beide Personen auf dem Bahnsteig auf und fotografierten die auf dem Bahnsteig befindliche Dampflok und die Bahnhofs- und Gleisanlagen. Anschließend begaben sie sich zurück zu ihren Pkw, wechselten ihre Oberbekleidung und entnahmen dem Pkw eine Sterokamera.

8.20 Uhr gingen sie gemeinsam mit dem genannten Beiwerk und den beiden Taschen zurück zum Bahnsteig 2. Hier fotografierten sie wiederum eine Dampflok und die Bahnhofsanlagen.

8.77 Uhr verließen sie das Bahnhofsgebäude und rannten zu ihren abgeparkten Pkw, warfen ihr Beiwerk in den Fond des Wagens und fuhren in Richtung Gera ab.

8.49 Uhr hielten sie direkt hinter der die Gleisanlage überführende Brücke an. "F1" öffnete den Kofferraum des VW, und entnahm diesem die Sterokamera. Sie begaben sich auf die Brücke und fotograiferten eine den Bahnhof verlassende Dampflok.

8.55 Uhr fuhren beide in Richtung Gera ab. Kurz vor der Einfahrt in das Neubaugebiet Saalfeld/Gorndorf fuhren sie

8.58 Uhr in eine kleine Seitenstraße, die in einen Garagenkomplex mündet. Aus Gründen der Konspiration wurde hier nicht gefolgt und die operative Beobachtung abgebrochen.

Leiter der Abteilung — K. Referatsleiter

i. V. Dix, Oberstleutnant — i. V. Hühn, Oberleutnant

Anlagen
1 Zusatzbericht
15 Bilder

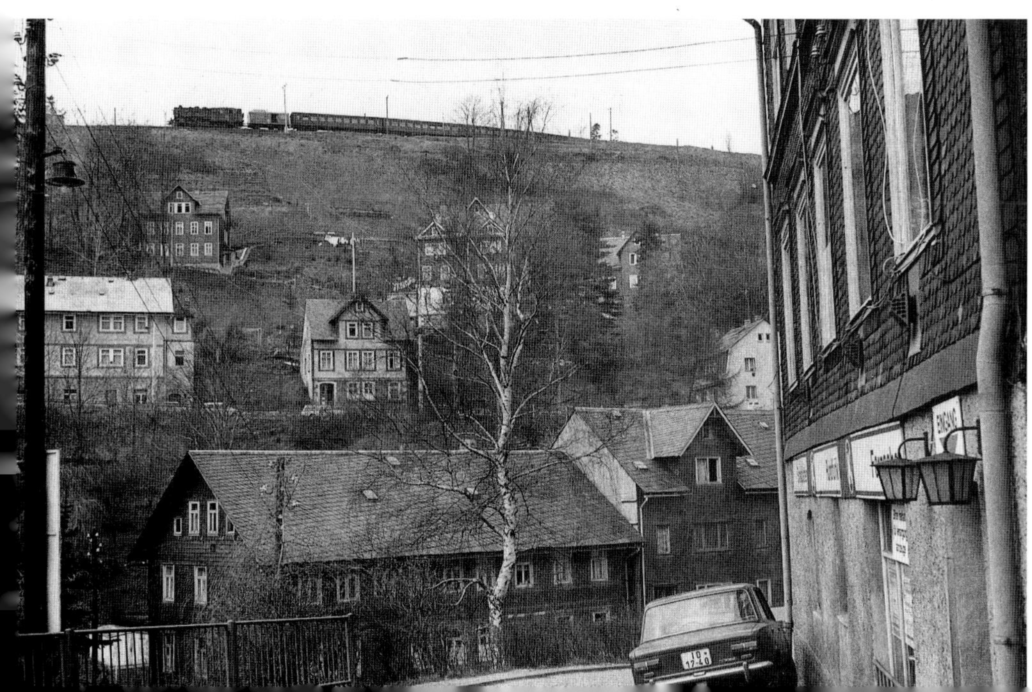

Verfolgung hin, Verfolgung her – zu ein paar Bildern kam ich schließlich doch noch an jenem 4. Mai 1978.
Die Straße ist so eng in Lauscha, daß der Lada auf dem Gehsteig parkt. Der Fahrer wird wohl in dem HO-Gemischtwarenladen seinen Einkauf tätigen. Währenddessen rollt 95 016 bergab und wird in einigen Minuten in Lauscha ankommen.
Foto: Burkhard Wollny

Mitunter kommt es mir vor, als sei die Akte von einem Film- oder Theaterregisseur geschrieben worden. Denn wie auf der Bühne hat auch die Akte eine innere Dramaturgie. Immer wieder gibt es Phasen vermeintlicher Ruhe, ehe kleinere Vorgeplänkel auf einen neuen dramaturgischen Höhepunkt hinführen.

Die geschilderte »Verfolgung« in und um Saalfeld war ein solches Geplänkel. Der dramaturgische Höhepunkt jedoch folgte umgehend.

Am 6. Mai 1978 veranstaltete der DMV eine Sonderfahrt mit der 23 1097 rund um Berlin. An dieser Sonderfahrt nahmen auch Personen, die unter dem Decknamen »Fotograf« geführt wurden, teil. Die an sich aufgrund ihrer eher eintönigen Strecken-

6. Mai 1978, der Tag des Großeinsatzes der Staatssicherheit. Die Wustermarker 35 1097, hier bei einem Fotohalt majestätisch ins Bild gesetzt, wurde an diesem Tag vom MfS für deren Zwecke mißbraucht. Übrigens: im Mai 1998 gab es ein Widersehen mit der für mich totgeglaubten Lok: im Bw Glauchau wurde die Lok betriebsfähig hergerichtet.
Foto: Burkhard Wollny

Im Visier der Staatssicherheit: Unten links sehen wir Thomas Rieger, Hermann Kuom und mich. Bei dem Foto daneben haben die Organe mich und Hermann Kuom mit einem Kreuz gekennzeichnet.
Fotos: MfS, Archiv BStU

führung unspektakuläre Fahrt verdient dank der staatssichernden Bemühungen des gleichnamigen Geheimdienstes einen Ehrenplatz sowohl in der Akte als auch in diesem Buch. Nachdem der Stasi bekannt war, daß wir alle an der Fahrt teilnehmen würden, wurde dieser „Ernstfall" minutiös vorbereitet. Mit nicht weniger als 9 Mitarbeitern wurde der Beobachtungsauftrag schließlich auch (weitgehend) perfekt durchgeführt. Ein mehrseitiges Protokoll zeigt die unglaublichen Anstrengungen auf, mit denen versucht wurde, uns etwas nachzuweisen.

Am 2. Mai 1978, also vier Tage vor der Fahrt, war dann klar, was geschehen sollte. Der »Plan zur Durchführung op. Maßnahmen…« formuliert unter Punkt 5 die Ziele dieser Observation. Über die Sprache der Akten soll zwar nicht ständig „gespottet" werden, aber dennoch möchte ich hin und wieder auf besonders bemerkenswerte Formulierungen hinweisen. So auch hier:

Um *»alle sich bietenden Möglichkeiten zu nutzen, um … die entsprechende Dokumentierung auftretender erfaßter Personen führen zu können, …, macht es sich erforderlich, daß sowohl im Zug als auch aus der Tiefe alle Kräfte, die zum Einsatz kommen, mit der Fototechnik in offener Form ausgerüstet sind.«*

Noch Fragen?

Bezirksverwaltung Potsdam — Potsdam, den 02. 05. 78
Abteilung XIX — An/Ml

BSt
000

P l a n

zur Durchführung op. Maßnahmen der DE XIX bei der Durchführung einer Sonderfahrt des Bezirksverbandes Berlin für Hobbyfreunde am 06. 05. 78

Am 06. 05. 1978 findet unter Leitung des Bezirksverbandes für Freunde der Eisenbahn eine Sonderfahrt rund um Berlin statt. Diese Sonderfahrt hat ihren Ausgangspunkt auf dem Bf Lichtenberg (Abfahrt 07.55 Uhr) und endet auf dem gleichen Bahnhof (Ankunft 18.05 Uhr). Die Sonderfahrt wird mit einer Lok der Baureihe 35 (Lok 351097) und vier 4-achsigen Rekowagen mit einem Teilnehmerkreis von ca. 200 Personen gefahren.

Nach den derzeitig vorliegenden Informationen verläuft die Fahrt wie folgt:

Ab Bf Lichtenberg verkehrt der Zug über Baumschulenweg, wo in der Zeit von 08.11 bis 08.25 Uhr ein Verkehrshalt stattfindet. Bei diesem Verkehrshalt ist das Zusteigen von Teilnehmern zur Sonderfahrt möglich.

Von Baumschulenweg verläuft die Fahrt über Berlin-Grünau, Wildau bis Mittenwalde-Ost. Auf diesem Bahnhof findet in der Zeit von 09.05 bis 09.42 Uhr der erste Fotohalt statt. Welche weiteren Einlagen bei diesem Fotohalt stattfinden, ist zur Zeit noch niht bekannt.

Von Mittenwalde verläuft der Zuglauf dieser Fahrt über Zossen, mit Aufenthalt von 10.00 bis 10.07 Uhr auf der Streckenführung Sperenberg - Kummersdorf, Werder b. Jüterbog, Jüterbog, Jüterbog-Altes Lager, Treuenbrietzen nach Seddin.

Auf dem Bhf Seddin findet in der Zeit von 12.21 bis 13.48 Uhr ein Aufenthalt mit Mittagessen für alle Teilnehmer statt. Teilnehmer dieser Sonderfahrt werden in der Betriebsküche des Bahnhofes Seddin das Mittagessen einnehmen.

Um 13.48 Uhr verläuft die Sonderfahrt weiter über Ferch - Lienewitz mit dortigem Fotoaufenthalt (Zeiten noch nicht bekannt), die Bahnhöfe Satzkorn, Wustermark, Nauen, Oranienburg bis Wensickendorf mit erneutem Fotoaufenthalt auf diesem Bahnhof. Auch zu diesem Fotoaufenthalt liegen noch keine festen Zeiten vor. Ab dort geht die Fahrt zum Ausgangspunkt mit der bereits genannten Ankunftszeit.

- 2 -

BStU
000004

Ausgehend von den Erkenntnissen bei der im Monat Februar 1978 stattgefundenen Sonderfahrt im Bezirk Erfurt auf der Streckenführung Erfurt - Ilmenau, bei der die in der OPK "Fotograf" erfaßten Personen mit Interessen für diese Fahrt in Erscheinung traten, wird vorgeschlagen, zur, am 06. 05. 78, stattfindenden Fahrt durch den Einsatz von op. Kräften beobachtende Tätigkeiten bei dieser Sonderfahrt zu lösen.

Im Einzelnen soll zur Absicherung dieser Fahrt sowie dem möglichen Auftreten der durch unsere DE erfaßten Personen wie folgt vorgegangen werden:

1. Über die HA XIX sind für diese Fahrt 10 Karten sowie deren Programme für das Einbringen von Beobachtern in den Zug zur Sonderfahrt zu beschaffen.

   Termin: 04. 05. 78
   Verantw.: Hptm. Ansorge

2. Die für die Fahrt durch die DE II der BV Potsdam zur Verfügung gestellten 8 op. Beobachtungskräfte sind in Kopplung mit 2 Beobachtungskräften der Operativgruppe unserer DE für den Einsatz direkt im Zug vorgesehen. Der Einsatz dieser 10 op. Kräfte hat so zu erfolgen, daß in den 3 Reisezugwagen der Sonderfahrt je 2 bis 4 Beobachtungskräfte zum Einsatz kommen. Für die Gesamtleitung dieser Beobachtungskräfte wird der IM "Eibe" aus der Operativgruppe ZB II verantwortlich gemacht. Die Einweisung der Kräfte für ihren Einsatz erfolgt am Freitag, dem 05. 05. 78, in Verbindung mit einem Genossen der Abt. II.

   Termin: 05. 05. 78
   Verantw.: Hptm. Ansorge

3. Zur Absicherung sowie Dokumentierung von Aktivitäten sich in Pkw's befindlicher Personen, die die Sonderfahrt begleiten, insbesondere der erfaßten Personen, erfolgt der Einsatz von weiteren 6 Beobachtungskräften aus der Tiefe an den neuralgischen Punkten des Verantwortungsbereiches, die im Bereich der Streckenführung liegen.

   Hierbei bezieht sich der Einsatz insbesondere auf:

   - den Fotohalt auf dem Bf Mittenwalde-Ost,
   - die Streckendurchfahrt im Bereich Sperenberg-Kummersdorf,
   - die Streckendurchfahrt im Bereich des Bahnhofes Werder b. Jüterbog, Jüterbog, Jüterbog-Altes Lager bis Tiefenbrunnen,
   - den Bereich des Aufenthaltes der Sonderfahrt auf dem Bf Seddin einschließlich Fotohalt Bf Ferch-Lienewitz,
   - die Streckendurchfahrt im Bereich Satzkorn bis Wustermark/Ort.

Zur Gewährleistung der beobachtenden Tätigkeit werden aus Stützpunkten sowie Pkw Beobachtungen geführt.

Zur Realisierung dieser Maßnahme kommen Kräfte der Operativgruppe ZB II zum Einsatz, die sowohl in Werder b. Jüterbog, Satzkorn und Priort aus Stützpunkten heraus ihre Tätigkeit führen. Die anderen genannten Bereiche werden durch Anfahren mittels Pkw unter Kontrolle gehalten.

Termin: Einweisung der Kräfte bis 04. 05. 78

Verantw.: Hptm. Ansorge und IME-Leiter

4. Durch die Gen. Hptm. Ansorge und Ltn. Seidel wird durch eigene Teilnahme an der Außensicherung gewährleistet, daß ein reibungsloses Zusammenspiel der zum Einsatz kommenden 16 op. Kräfte genannter DE am 06. 05. 78 garantiert ist.

5. Allgemeine und grundsätzliche Aufgabenstellung:

- Studium des Milieus dieser Sonderfahrt, insbesondere unter dem Gesichtspunkt, welcher Personenkreis wird erkennbar, der sich als Gast an dieser Fahrt beteiligt und aus dem NSW stammt.

- Herausarbeitung der Personen, die mittels vorhandener Bilder als die identifiziert werden können, die für die beobachtende Tätigkeit von spezifischem Interesse sind. Bei Erkennen dieser Personen ist folgendes herauszuarbeiten:

  . Mit wem halten sich diese Personen im Zug?
  . Wer sind ihre Gesprächspartner?
  . Welche Aktivitäten lassen sie am Gesamtgeschehen der Sonderfahrt erkennen, wie zeigt sich hierbei das spezifische Interesse an den Teilproblemen zur Sonderfahrt?
  . Wann werden wo in welcher Form Fotoaufnahmen durch die erkannten Personen gemacht?
  . Welche Eigenheiten können beim Fotografieren festgestellt werden?
  . Wie sind Verhaltensweisen dieser Personen beim Aufenthalt in neuralgischen Bereichen bzw. bei der Durchfahrt solcher Bereiche?

Diese Aufgabenstellung ist ebenfalls als verbindliche Aufgabe für die aus der Tiefe arbeitenden Kräfte identisch.

- Durch die zum Einsatz kommenden Kräfte der Operativgruppe ZB II sind die bei der Sonderfahrt auftretenden Kfz entsprechend den Kfz-Kennzeichen von West-Kfz zu selektieren, damit die Beobachtung grundsätzlich am identifizierten Objekt (Kfz) in den gefährdeten Bereichen geführt werden kann. Darüberhinaus besteht für sie die Aufgabe, Verhaltensbeobachtungen auch in den Bereichen zu führen, die keiner unmittelbaren op. Wertigkeit unterliegen.

- Bei der Sonderfahrt sind alle sich bietenden Möglichkeiten zu nutzen, um, ausgehend vom Milieu, die entsprechende Dokumentierung auftretender erfaßter Personen führen zu können. Dazu macht es sich erforderlich, daß sowohl im Zug als auch aus der Tiefe alle Kräfte, die zum Einsatz kommen, mit der Fototechnik in offener Form ausgerüstet sind.

<u>Bestätigt:</u>

Leiter der Abt. XIX

Spors
Oberstleutnant

Ansorge
Hptm.

Interessant an diesem Foto sind die diversen Haltungen der Mitreisenden. Der eine rechts unten mag rücklings beim Filmwechsel gleich umkippen, andere sind mit Schiene und zwei Kameras bewaffnet heftig am fotografieren. Doch das alles interessiert den eingesetzten Beobachter in der Mitte mit seiner Pentacon Six nicht. Er wird seinen Auftrag heute erfüllen. Wer mag er sein, Genosse Kurt, Leiter der B-Gruppe? Oder gar Genosse Dirk, vielleicht Genosse Lutz oder Steffen oder Rolf? Denkbar wäre auch ein Genosse der Abteilung XIX. Foto: Burkhard Wollny

Fotohalt auf freier Strecke, fotografiert von Thomas Splittgerber. Der Zug hat sich geleert, die Eisenbahnfotografen warten auf den anfahrenden Zug. Im Hintergrund links Begleitfahrzeuge. Kollege Splittgerber wurde damals ebenfalls von der Staatssicherheit beobachtet. Bei ihm wurden verstärkt Einreisen in Garnisonsstädte festgestellt. Auch machte er sich dadurch verdächtig, daß er in den verschiedensten Stadtgebieten große Wegstrecken zurücklegte, ohne sich für Sehenswürdigkeiten zu interessieren! Schließlich hat Kollege Splittgerber die übliche Eisenbahnfreundebekleidung getragen, die bedauerlicherweise im Widerspruch zur angegebenen Tätigkeit eines Buchhalters beim Senat stand. Foto: Burkhard Wollny

Ganz offenbar wurde dieser Plan weitgehend umgesetzt, nachdem es dem zuständigen Hauptmann Ansorge gelungen war, befehlsgemäß zehn Karten für den Sonderzug zu erwerben.

Doch all die geballte Macht hat nichts genützt – die Ergebnisse dieser Großaktion sind, gemessen am Aufwand, erschreckend gering, wie der nachstehende Beobachtungsbericht ausweist:

Potsdam, d. 10.05.1978

B e o b a c h t u n g s b e r i c h t

Betreff : Sonderzugfahrt am 06.05.1978 mit der Lok 35 1097-1

Am 06.05.1978 wurde in der Zeit von 07.15 Uhr bis 18.20 Uhr die Beobachtung im Sonderzug durchgeführt

07.40 Uhr	wird das Objekt VII im Wagen Nr. 9 aufgenommen.
07.45 Uhr	wird das Objekt VI im Wagen Nr. 4 aufgenommen. Die Objekte II und IV sind zu dieser Zeit auf dem Bahnsteig an der Lok. Kurz vor Abfahrt des Zuges kommen Objekt II und IV in den Wagen Nr. 4 und setzen sich zu Objekt VI .
07.56 Uhr	fährt der Zug planmäßig von Berlin-Lichtenberg ab.
08.11 bis 08.19 Uhr	Verkehrshalt in Berlin-Bauaschulenweg. Die Objekte II,IV und VI steigen aus, gehen auf den Bahnsteig und fotografieren die Lok.
08.18 Uhr	Die Objekte steigen wieder ein.
08.25 Uhr	kommt Objekt VII durch den Zug und setzt sich zu den anderen Objekten in den Wagen Nr. 4 .

Verhaltensweisen der Objekte während der Fahrt :

Bei der Vorbeifahrt am Schwermaschinenbau Wildau sehen alle 4 Objekte zu den beiden demontierten Fabrikhallen rüber und sprechen darüber.
Beim Fotohalt in Mittenwalde verlassen alle 4 Objekte den Zug und fotografieren. Hier wirdfestgestellt,daß die Objekte sich gegenseitig absichern.Sie zeigen nicht nur für den Sonderzug Interesse, sondern auch für die Umwelt und Teilnehmer der Fahrt.

- 2 -

- 2 -

Bei der Vorbeifahrt in Sperenberg zeigt Objekt IV Interesse für abgedeckten Geschütze, indem er intensiver in diese Richtung sieht, als die anderen Objekte.(Geschütze stehen in Fahrtrichtung rechts).
Auf dem Bahnhof Zossen haben sie gute Sichtmöglichkeiten zu den dort stehenden 2 Panzern, zeigen aber kein besonderes Interesse dafür.
Bei der Vorbeifahrt an den militärischen Objekten bis Zossen zeigen sie kein besonderes Interesse.
Bei der Vorbeifahrt an der Rampe in Werder b. Jüterbog sehen sie hinaus und unterhalten sich anschließend.
In diesem Bereich steht keine Militärtechnik.
Im Bereich des Flugplatzes Jüterbog-Neues Lager zeigen sie kein Interesse.
Beim Fotohalt in Ferch-Lienewitz verlassen sie den Zug.
Sie fotografieren sehr wenig, beobachten abseits stehend die Umwelt und die Teilnehmer. Sie sichern sich gegenseitig ab, indem überwiegend 2 Objekte zusammenstehen . Objekt IV steht überwiegend alleine , beobachtet die Teilnehmer der Fahrt und was um die anderen Objekte geschieht.
Soweit wie festgestellt wurde, hat Objekt IV bei diesem Fotohalt nicht fotografiert, obwohl er einen Fotoapparat bei sich hatte.
Zur Mittagspause in Seddin wurde festgestellt, daß Objekt VII vorgeht und die Objekte II, IV und VI langsam hinterher gehen. Gegessen haben sie in der Baracke hinter dem Sozialgebäude .
Nach dem Essen geht Objekt VII wieder voraus und wartet auf dem Bahnsteig auf die anderen Objekte.
Nach dem Umspannen in Ferch-Lienewitz, sitzen die Objekte in Fahrtrichtung rechts.
Im Bereich Nauen holt Objekt VII das internationale Kursbuch aus seinem Beuteltasche und orientiert sich.
Daraufhin macht Objekt VII den anderen den Vorschlag, in Oranienburg auszusteigen, und mit der S-Bahn weiterzufahren.

- 3 -

- 3 -

BStU
000009

Bei der Vorbeifahrt am Funkamt Nauen, zeigen sie besonderes Interesse. Besonders für eine in Fahrtrichtung links stehende große ins Auge fallende Anlage.
Beim Fotohalt in Kremmen wurde festgestellt, daß Objekt IV und II gedeckt durch einen Busch die Teilnehmer beobachten.
Vor Einfahrt in den Bahnhof Oranienburg hältder Zug.
Objekt IV lehnt sich mit dem halben Oberkörper aus dem Fenster und fotografiert in Richtung S-Bw und Bahnhof.
Vom Haltepunkt des Zuges aus, besteht eine sehr gute Übersicht über das gesamte Bahnhofsgelände.
Im Bahnhof Oranienburg können die Objekte den Zug nicht verlassen, da der Zug nicht am Bahnsteig hält und das Aussteigen verboten ist.
Hinter dem Bahnhof Oranienburg fährt der Zug an einer Radar-Station der Sowjetarmee vorbei. Die 4 Objekte lachten über einen dort stehenden Soldaten.
Bei der Ankunft im Bahnhof Lichtenberg verlassen die Objekte II und IV gemeinsam den Bahnsteig und VI und VII gehen getrennt.Im Tunnel treffen sie sich alle und gehen gemeinsam zur S-Bahn.

Bemerkungen :
Objekt VI führte eine KammeraTyp Nicon bei sich.
Objekt IV hat eine Tasche mit 2 Kameras und 1 kl. Tele, 1 Weitwinkel, - und 1 Normalobjektiv bei sich.
Kamera Ty Pentrax.
Objekt VII führte 2 Kameras bei sich.
Objekt II führt 1 Kamera bei sich.
Während der Fahrt versuchte Objekt IV von den Teilnehmern unter anderem auch von den Beobachtern, da diese in seiner Blickrichtung saßen, Aufnahmen zu machen.
Objekt VII machte von allen unterwegs gesehenen Dampfloks schriftliche Aufzeichnungen.(In einem Din A 5-Heft).
Während der gesamten Fahrt wurde nicht festgestellt, daß einer der Objekte einen neuen Film eingelegt hat.

Beim Fotohalt in Ferch-Lienewitz sehen wir den unbekannten Genossen wieder: mit gesenktem Haupt schreitet er an der Lok entlang.
Foto: Burkhard Wollny

Bei der Fahrt durch Königswusterhausen durften wir ungestraft aus dem Fenster fotografieren, um die rangierende 52 8101 und das Fräulein mit der Flüstertüte zu dokumentieren. Foto: Burkhard Wollny

Einige Meter weiter trifft er einen Kollegen, (halb verdeckt) der das Treiben des Objektes IV beobachtet.
Foto: Burkhard Wollny

In Jüterbog waren die Bahnsteige durch zwei Transportpolizisten gesichert.
Foto: Burkhard Wollny

Was die Stasi konnte, konnten wir auch: Hermann Kuom fotografiert »subversive« Kräfte im Sonderzug.
Foto: Burkhard Wollny

BStU
000010

Bezirksverwaltung für
Staatssicherheit Potsdam
Abteilung II/5

Potsdam, ~~10. 05.~~ 1978
Schu/Ku

Beobachtungsbericht über den Einsatz " H o b b y "
am 06. 05. 1978 von 07.00 Uhr bis 18.15 Uhr für die
Abteilung XIX (Sonderzugfahrt DMV)

1. Aufgabenstellung

Feststellen und Dokumentation von Handlungsweisen, Treffs mit anderen Bürgern und Verhaltensweisen von vorgegebenen operativ-interessanten Personen während einer Sonderzugfahrt des Deutschen-Modelleisenbahner-Verbandes der DDR.

2. Eingesetzte Beobachter

Gen. "Kurt", Leiter der B-Gruppe
Gen. "Dirk", "Lutz", "Steffen", "Rolf", "Fred","Rudi"
und zwei Genossen der AbteilungXIX.

3. Eingesetzte Technik

1 B 1000
1 Trabant
Fototechnik

- 2 -

BStU
000011

4. Festgestellte Besonderheiten

5. Durchführung

Sonnabend, den 06. 05. 1978

07.45 Uhr Beginn der Beobachtung im ersten, vierten und siebenten Waggon des Sonderzuges. Zeitweise werden beim Durchlaufen und Aufenthalt auch die restlichen sechs Waggons kontrolliert. Im vierten Waggon befindet sich ein Teil der vorgegebenen operativ-interessanten West-Personen. Als Wagenverantwortlicher ist der [redacted] Eisenbahner [redacted] eingesetzt.

Bis zur Abfahrt des Zuges um
07.56 Uhr werden die Lokomotive, der Sonderzug sowie die Bahnanlagen von ca. 150 - 200 Personen dokumentiert. Dabei kommt Filmtechnik, Fototechnik und Tonaufnahmetechnik aus kapitalistischen und sozialistischen Lä dern zum Einsatz. Dieses Verhalten war bei jedem Halt, außer auf dem Bahnhof Seddin, festzustellen.

Um
09.49 Uhr verließen bei Verkehrshalt auf dem Bahnhof Zossen ca. 5 Personen, darunter ein, der Sprache nach Österreicher, den Sonderzug mit Handgepäck.

18.02 Uhr Ende der Beobachtung nach Einfahrt desSonderzuges auf dem Bahnhof Lichtenberg.

Teschner
Oberstleutnant
Leiter der Abteilung

Haensch
Hauptmann
Ref.-Ltr. II/5

Noch ein Wort zu unserer Rolle während dieser Fahrt. Es ist nicht so, daß wir an jenem Tag von der Beobachtung nichts gemerkt hätten, im Gegenteil: die geballte Präsenz der Stasi fiel uns schon allein deswegen auf, weil einige Herren regelmäßig nicht in Richtung Lok fotografierten, sondern merkwürdigerweise entgegengesetzt in Richtung der Eisenbahnfreunde. Da ich schon immer einen Sinn für die Skurrilitäten des Alltags hatte, fotografierte ich deshalb diese Herren. Ich konnte ja nicht ahnen, daß ich diese Fotos eines Tages verwenden könnte.

In meiner Akte sind Fotos enthalten, die einige Personen zeigen, deren Kopf geschwärzt ist. Auf meinen eigenen Aufnahmen jedoch sind sie nicht geschwärzt. Daher ist der Schluß zulässig, daß diese Personen Mitarbeiter der Stasi waren.

Es ist also unübersehbar, daß uns nun ein „rauherer Wind" entgegenblies – auf der anderen Seite war die Observation nunmehr auch uns selbst bewußt geworden, wenngleich wir natürlich keine Ahnung über ihren tatsächlichen Umfang hatten. Schon wenige Tage nach dieser Sonderfahrt hatte ich erneut Gelegenheit, die Stasi in Aktion zu erleben. Am 10. Mai 1978 wollte ich nach Neustadt an der Dosse fahren, da mir dieses Bahnbetriebswerk noch unbekannt war. Zudem interessierten mich die zwischen Brandenburg und Neustadt fahrenden Dampfloks der Baureihe 52.

Ich erinnere mich, daß die morgendliche „Filze" in Drewitz etwas umfangreicher als sonst war. Damals konnte ich mir zunächst keinen Reim darauf machen. Doch schon bald nach Verlassen der GÜST Drewitz bemerkte ich einen roten Wartburg, der hinter mir herfuhr, ohne langsamer oder schneller als ich zu werden. Mittlerweile war ich wissend genug, um dieses Verhalten als untrügliches Zeichen für eine beginnende Verfolgung wahrzunehmen. Meiner Stimmung freilich war die Erkenntnis, verfolgt zu werden, nicht eben zuträglich – wenn ich an diesem Tag überhaupt noch Fotos machen wollte, mußte ich zuvor den Verfolger irgendwie abschütteln.

Doch das war leichter gedacht als getan, zumal ab Brandenburg zwei Fahrzeuge hinter mir her waren. Unterwegs sah ich einen Güterzug entgegenkommen. Ich ließ ihn zähneknirschend unfotografiert – ich wollte nicht unbedingt ausprobieren, was passieren würde, wenn ich die Kamera zückte.

So kam ich einigermaßen frustiert in Neustadt an und studierte zunächst den Bahnhof. Als ich wieder auf den Bahnhofsvorplatz kam, sah ich, wie eine Person meinen Wagen fotografierte. Ich eilte sofort zu meinem Wagen, doch die Person war schneller und wie vom Erdboden verschluckt, als ich mein Auto erreichte.

Genervt fuhr ich wieder in Richtung Berlin zurück, die Lust war mir gründlich verdorben. Auch diesmal eskortierte mich der rote Wartburg. Unterstützt wurde er von einem gelben Lada. Die ganze Geschichte hatte nun filmreife Qualitäten. Kurz vor Brandenburg beobachtete ich, wie der Fahrer des Wartburgs mit der Lichthupe kurz blinkte, mich überholte und dann nach 100m links in einen Feldweg abbog. Der Lada blieb hinter mir. (Zur Erläuterung: Das kurze Aufblenden der Scheinwerfer vor Beginn eines Überholvorgangs war in der DDR üblich – damit sollte dem vorausfahrenden Fahrzeug angekündigt werden, daß es überholt würde).

Nicht ganz der StVO entsprechend brauste ich anschließend durch Brandenburg. Ich war mir sicher, die Verfolger abgeschüttelt zu haben. Doch weit gefehlt: Am Ortsausgang an der Straße Nummer 1 standen sie einträchtig am Fahrbahnrand!

Die Verfolgung ging weiter. Zwischendurch verlor ich die Verfolger zwar für kurze Zeit, da sie unterwegs unmotiviert an einer Kneipe anhielten, aber ehe ich mich an diesen Zustand gewöhnt hatte, waren sie wieder da. Erst beim Abbiegen zur Autobahn nach Berlin hieß es Abschied nehmen und ich sah den roten Wartburg zum letzten Mal. Offenbar hatte er erreicht was er wollte, nämlich, mich aus der DDR zu vertreiben.

Weil auch diese Geschichte wie eine schlecht erfundene Filmsequenz klingt, sei der „amtliche Beweis" an dieser Stelle nachgeschoben:

- 2 -

BStU
000092

10.05.1978

05.30 Uhr wurde die Beobachtung zum Auftrag "Fotograf" in der Nähe der Autobahnabfahrt Drewitz km 11,0 begonnen.

05.50 Uhr wurde "Fotograf" mit seinem PKW
Typ: VW Golf GTI
Farbe: rot
pol. Kennz.: ES - ZP 755
auf der Autobahn km 91,2 Berliner Ring in Richtung Leipziger Abzweig aufgenommen. "Fotograf" fuhr mit dem o. g. PKW auf der Autobahn weiter in Richtung Magdeburg. Auf der Autobahn der Magdeburger Strecke beim km 4,0, Abfahrt Lehnin blinkte "Fotograf" rechts, setzte jedoch ohne seine Geschwindigkeit zu verringern die Fahrt gerade aus fort.

06.23 Uhr fuhr "Fotograf" beim km 15,0 Abfahrt Brandenburg von der Autobahn ab und weiter in Richtung Brandenburg.

06.30 Uhr erreichte "Fotograf" Brandenburg und fuhr dort durch die Geschister-Scholl-Straße direkt zum Hauptbahnhof Brandenburg. Am Hauptbahnhof fuhr "Fotograf" mit seinem PKW auf dem gegenüber des Bahnhofsgebäudes befindlichen Parkplatz und parkte hier seinen PKW.
Anschließend ging "Fotograf", der einen schwarzen Einkaufsbeutel bei sich trug, zum Bahnhof. Er betrat diesen durch den Haupteingang und ging zielstrebig zu den Toiletten am Bahnsteig.
Auf den Toiletten hielt sich "Fotograf" ca. 3 min auf.
Danach ging er den gleichen Weg zurück bis auf Höhe des Eingangs zur Bahnhofshalle, blieb dort ca. 1 min stehen und sah zu den Bahnhofsanlagen hinüber. Von dort aus ging er dann durch die Bahnhofshalle und verließ wieder den Bahnhof. "Fotograf" begab sich dann zum in der Nähe befindlichen Postamt, in dem er sich ca. 3 min aufhielt. Von hier aus ging "Fotograf" wieder zurück zum Bahnhof, wo er vor dem Haupteingang stehen blieb und den Personen - und Fahrzeugverkehr musterte.
Nach ca. 2 min begab sich "Fotograf" zu seinem PKW, stieg ein und fuhr mit diesem über die Ernst-Thälmann-Straße, Neuendorfer Straße, Straße der Freundschaft, Magdeburger Straße, Harlunger Straße und August-Bebel-Straße in Richtung Görden. Am letztgenannten Kreuzungsbereich fuhr "Fotograf" zuerst in Richtung Görden und bog dann spontan wieder auf die F 102 in Richtung Rathenow ein.

07.13 Uhr fuhr "Fotograf" in Döberitz in die Bahnhofstraße, wendete dort kurz vor dem Bahnübergang und fuhr über eine andere Querstraße wieder auf die F 102

- 3 -

BStU
000093

und weiter in Richtung Rathenow. In Rathenow fuhr "Fotograf" zielstrebig in Richtung Friesack.
07.27 Uhr hielt "Fotograf" am Ortsausgang an, wendete und fuhr zurück auf die F 102 in Richtung Bückwitz. Gegen
08.00 Uhr parkte "Fotograf" in Neustadt/Dosse seinen PKW auf dem Parkplatz am Bahnhof, stieg aus, verschloß den PKW und betrat mit einem schwarzen Beutel den Bahnhof. An der Unterführung zum Bahnsteig 2 blieb "Fotograf" stehen und musterte den nachfolgenden Personenverkehr. Nach ca. 5 min ging "Fotograf" durch die Unterführung zum Bahnsteig 2 und blieb in Nähe des Lokschuppens stehen.
Hier nahm "Fotograf" den Beutel mit beiden Händen, hielt ihn vor seinen Körper und betrachtete eingehend den Lokschuppen und seine nähere Umgebung. Nach ca. 5 min ging "Fotograf" langsam zur Unterführung zurück, ca. 15 m vor dieser blieb er zwischen den dort befindlichen Personen stehen und betrachtete die gesamte Personenbewegung auf dem Bahnsteig.
08.18 Uhr verließ "Fotograf" den Bahnsteig 2 wieder durch die Unterführung zum Bahnsteig 1, direkt am Bahnhofsgebäude, wo er für ca. 2 min stehen blieb. Anschließend ging "Fotograf" zu seinem PKW, setzte sich hinein und kurz darauf begab sich "Fotograf" wiederum mit dem schwarzen Beutel, zum Bahnhofsgebäude, wo er die Mitropa-Gaststätte betrat. Hier setzte er sich in die rechte Außenecke an einen leeren 4-Personen-Tisch mit Blick zur Eingangstür der Gaststätte. In der Mitropa-Gaststätte trank "Fotograf" ein Glas Tee.
08.47 Uhr verließ "Fotograf" die Gaststätte, ging zum PKW, stieg ein und fuhr wieder zurück in Richtung Brandenburg. In Brandenburg fuhr "Fotograf" über die Magdeburger Straße, Altstadt Bahnhof, Straße der Freundschaft und Rosa-Luxemburg-Straße in Richtung Autobahn. Ca. 15 m vor der Kreuzung Neu-Schmerzke/Autobahn scherte "Fotograf" mit seinem PKW von der rechten Fahrspur, ohne zu blinken nach links aus und fuhr in Richtung Potsdam. In Potsdam fuhr "Fotograf" über die Leninallee, Wilhelm-Külz-Straße in Richtung Leipziger Dreieck. Auf der Langen Brücke ordnete sich "Fotograf" mit seinem PKW links ein (Richtung Babelsberg), scherte dann plötzlich ohne zu blinken nach rechts aus und fuhr die Leipziger Straße entlang in Richtung Michendorf.
Da auf der Michendorfer Landstraße starker Fahrzeugverkehr bestand, fuhr "Fotograf" in einer Kolonne. In Höhe der Autobahnauffahrt in Richtung Berlin bog "Fotograf" wiederum plötzlich

- 4 -

BStU
000094

und ohne zu blinken nach links auf die Autobahn ab. Hier fuhr er in Richtung Berlin(West).
11.02 Uhr passierte "Fotograf" den km 11,0 (Abfahrt Drewitz), woraufhin die Beobachtung laut Aufgabenstellung unterbrochen wurde.

11.05.1978

05.00 Uhr wurde die Beobachtung zum Auftrag "Fotograf" in der Nähe der Autobahnauffahrt Drewitz begonnen. Da "Fotograf" bis
13.00 Uhr nicht eingereist war, wurde die Beobachtung laut Anweisung LOB beendet.

Personenbeschreibung

"Fotograf"

Geschlecht:		männlicher Erwachsener
Größe:		ca. 175 - 180 cm
Alter:		ansch.: ca. 23 - 28 J.
Gestalt:		schlank
Kopfform:		oval
Gesicht:		blasser Teint
Haare:	Farbe	dunkel
	Wuchs	glatt, nackenlang, Scheitel links
Bekleidung:		dunkelblaue Windjacke, weinroter Rollkragenpullover, braune Kordhose, schwarze hohe Arbeitsschuhe graue Socken - trug einen schwarzen Einkaufsbeutel
Besonderheiten:		z. Z. der Beobachtung Brillenträger (schwarze Hornbrille) mit starken Brillengläsern

Leiter der Abteilung VIII
Gesierich
Oberstleutnant

Referatsleiter Ref. 1
Ballschmiede
Hauptmann

Interessant an diesem Beobachtungsbericht ist weniger die Feststellung, daß ich mit überhöhter Geschwindigkeit unterwegs war, vielmehr stellte Hauptmann Ballschmiede mehrere Indizien fest, die auf meine geheimdienstliche Tätigkeit hinwiesen, nämlich zum einen mein mangelndes Interese für die Dampflokomotiven und zum anderen meine Kleidung. Man erfährt durch diesen Hinweis ganz ebenbei, daß ein »normaler Tourist« selbstverständlich an seiner Kleidung als ein solcher zu erkennen ist, oder anders formuliert: trägt einer die falsche Kleidung, ist er eben kein Tourist.
Diese Ansicht als Fakt voraussetzend, war es in der zweiten Monatshälfte für Hauptmann Ansorge von der Bezirksverwaltung Potsdam naheliegend, in einem detaillierten »Operativplan zum Operativvorgang »Fotograf«« festzuhalten, daß wir nicht das waren, wofür wir uns ausgaben. Er kam zu folgenden Schlüssen:
»In der politisch-operativen Einschätzung des Eröffnungsberichts zum OV 'Fotograf' ist dargestellt, daß der bisherige Bearbeitungs- und Kontrollprozeß zu den erfaßten

BStU
000095

Einschätzung zum Beobachtungsauftrag "Fotograf"

Von den Beobachtungskräften wird eingeschätzt, daß "Fotograf" während seines Aufenthaltes in der DDR den Bahnhof Brandenburg und den Bahnhof in Neustadt/Dosse zielstrebig aufgesucht hatte.
"Fotograf" fuhr trotz ungünstiger Straßenverhältnisse (Regenwetter) mit hoher bzw. überhöhter Geschwindigkeit innerhalb und außerhalb von Ortschaften. Während der Fahrt zeigte "Fotograf" das Wechseln der Fahrtrichtung des öfteren an, behielt aber die Fahrtrichtung bei. Diese Handlung wird von den Beobachtungskräften als eine Kontrollmaßnahme gewertet, da "Fotograf" nach der Täuschung mit dem Fahrtrichtungsanzeiger den nachfolgenden Fahrzeugverkehr mußterte. Ferner muß eingeschätzt werden, daß "Fotograf" die Fahrstrecke gut kannte und dies für Kontrollschleifen (Döberitz, Rathenow) ausnutzte.
Beim Aufenthalt auf den Bahnhöfen Brandenburg und Neustadt/Dosse mußterte "Fotograf" sehr aufmerksam die dort herrschende Personenbewegung. "Fotograf" zeigte auf dem Bahngelände in Neustadt/Dosse kein Interesse für die dort abgestellten Dampflokomotiven, obwohl diese gut sichtbar, nur ca. 10 m von der parallel verlaufenden Straßenführung entfernt standen. Auf dem Bahngelände von Neustadt/Dosse mußterte er ebenfalls die Personenbewegung, die Gleisanlagen bzw. das Bahnhofsgelände eingehend.
Beim Aufenthalt auf beiden Bahnhöfen trug "Fotograf" jedes Mal einen schwarzen Beutel bei sich. Diesen Beutel hielt "Fotograf" bei der Musterung des Lokomotivschuppens bzw. der Gleisanlagen mit beiden Händen vor seinem Körper. (Arme leicht angewinkelt) Er bewegte diesen Beutel gleich seiner Blickrichtung (Lokschuppen).
Ob "Fotograf" beim Aufenthalt auf dem Bahnhofsgelände bzw. am Fahrzeug etwas aus dem Beutel entnahm bzw. hineintat, konnte nicht festgestellt werden. Desweiteren wird vom Beobachterkollektiv die Bekleidung von "Fotograf" als Tourist für sehr merkwürdig gehalten. Diese Kleidung und der Beutel, welche dunkle Farbtöne besaßen, entsprachen fast einer Arbeitsbekleidung und paßten gut in das Bahnhofsmilieu.
Während des Beobachtungszeitraumes wurden keine Kontakte von "Fotograf" zu DDR-Personen oder Einreisenden festgestellt.

Ballschmiede
Hauptmann

Personen deren Reisetätigkeit in die DDR unter dem spezifischen Hobby ‚Fotografieren' von Dampflokomotiven sichtbar werden ließ. Unter diesem Hobby wird seit 1975 eine solche Intensität betrieben, die operativen Schlußfolgerungen zufolge das Maß normalen und auch übersteigerten Wirkens übertrifft. Gleichzeitig werden Objekte der DR zur Gestaltung des Hobbys aufgesucht, die unmittelbar bzw. an militärischen Objekten tangieren. Ausgehend von vorliegenden Erkenntnissen des MfS sind die bisher erarbeiteten Verhaltens- und Handlungsweisen objektiv geeignet, unter dem Deckmantel des ‚Hobbys' Aufklärungshandlungen für gegen die DDR handelnde subversive Kräfte zu betreiben.«

(...)
Zur straffen Führung des erforderlichen Aufwandes an op. Arbeit hat sich diese entsprechend vorgenannter Zielstellung auf alle 6 erfaßten Personen auszurichten, wobei zu den verdächtigten Schlipf, Franz und Kuom bei Aufenthalt auf dem Territorium grundsätzlich ständig gezielte Kontroll- und Beobachtungsaufgaben zu führen sind.«

Im Klartext hieß das: verstärkter Einsatz von IM. Dieser sollte, so der Wunsch Ansorges, mehr und mehr vom brieflichen Kontakt zum persönlichen Kontakt werden. Der entsprechende IM sollte Interesse an Eisenbahnen im Raum Stuttgart zeigen. Und weil man einem IM offenbar nicht zutraute, die Aufgabenstellung auch wirklich erfüllen zu können, sollten darüber hinaus der IMV »Ullmann« sowie der IME »Mario« eingesetzt werden.

Schließlich, und das ist nun wieder eine neue Komponente, sollten die operativen Maßnahmen auch auf unsere DDR-Kontaktpartner ausgedehnt werden. Mit anderen Worten: Jetzt sollte auch das Leben von Bürgern des eigenen Staates durchleuchtet werden. Man wollte ihnen den »subversiven Mißbrauch« durch uns nachweisen und nahm sich deshalb vor, »die konkrete berufliche Tätigkeit, die Aktivitäten dieser Personen vor Einreisen der Verdächtigen in das Gebiet der DDR und die Gestaltung eines lückenlosen Abwesenheitsnachweises ihrer Person während des Aufenthaltes der Verdächtigen in der Republik« herauszuarbeiten.

Um das klar zu stellen – uns lag nicht im entferntesten daran, irgendeinem unserer „DDR-Kontaktpartner" irgendwelche Schwierigkeiten zu bereiten. Doch die Verantwortlichen für die Sicherheit des Staates hatten, wie man sieht, wenig Skrupel im Umgang mit den Bürgern desselben.

Doch zurück zu Ansorges Operativplan.

Dieser sah als weitere Stufe die »Erarbeitung von operativen Fakten zum Wirksamwerden der Verdächtigen auf dem Gebiet der DDR« vor. Das liest sich dann wie folgt: *»Mittels der Fahndungstätigkeit in enger Verbindung mit den Erstinformationen der AG AGV (Antrags- und Genehmigungsverfahren) sind bei Einreisen der im Operativplan benannten 3 Verdächtigen über die Abt. VIII des jeweiligen Einreisebereiches gezielte B-Maßnahmen einzuleiten. Ziel dieser Maßnahmen muß der Feststellungen solcher Fakten wie*

- *werden die angegebenen Orte aufgesucht*
- *was wird an Tätigkeit an diesen Orten sichtbar*
- *wie sind die Handlungs- und Verhaltensweisen des Objektes und Mitreisender,*
- *welche Bedeutsamkeit haben die durchfahrenen Strecken,*
- *welche Abweichungen werden vom angegebenen Reiseziel mit welcher operativen Wertigkeit sichtbar usw.*

dienen.

Zur Lösung dieser Aufgabenstellung ist die Fahndungstätigkeit über die Abt. VI ständig aktiv zu gestalten (laufende vierteljährliche Verlängerung).

(...)

Zur optimalen Erfassung des Auftretens der verdächtigen Personen auf dem Gebiet der DDR und hier spezifisch in den Bereichen des Eisenbahngeländes ist über die HA XIX zu prüfen, ob über einen Zeitraum von 6 Monaten (Beginn 1.6.78) die Volkspolizei/Trapo zur Lösung von Teilaufgaben bei der Feststellung von WB und BRD-Fahrzeugen zum Einsatz gebracht werden kann. Ziel dieser Maßnahme besteht

- *in der Feststellung von Fahrzeugen (wie benannt) unter Angabe von Tag, Uhrzeit, poliz. Kennzeichen, Standort, Personen,*
- *im Vergleich und der Analyse mit den durch die Verdächtigen benutzten Fahrzeuge zum Erkennen von Abweichungen und anderen op. Fakten für die vorgangsmäßige Bearbeitung.*
- *Bei der Einreise der Personen Schlipf, Franz und Kuom über den Tagesaufenthalt hinaus sind im Bereich des Gastgebers (DDR-Kontaktpartner) koordinierte Maßnahmen mit der zuständigen Abt. XIX sowie II/5 einzuleiten, über deren Wirksamkeit gesichert wird, daß die sich im Territorium befindlichen M-Objekte abgesichert sind und das Auflauten der Verdächtigen registriert werden kann.*

Darüber hinaus sind bei allen DE II/5 die durch den verdächtigen Kreis benutzten

Hauptabteilung XIX
Abteilung III/3

Berlin, den 15. 6. 1978
Kü/Bae

BStU
000319

bestätigt: Ullrich
Ullrich
Oberst

V e r m e r k
über die am 13. 6. 1978 beim Leiter der Hauptabteilung XIX, Genossen Oberst Ullrich, durchgeführte Beratung zum OV "Fotograf" der Abteilung XIX Potsdam

Die Zielstellung der o. g. Beratung bestand in der Einschätzung des Standes der operativen Bearbeitung des OV "Fotograf" und in der Festlegung weiterführender Maßnahmenkomplexe.

Teilnehmer: Gen. OSL Schulz
Gen. OSL Spors
Gen. Major Kühn
Gen. Hptm. Ansorge

Grundlage der Beratung waren der Eröffnungsbericht zum OV vom .... sowie der Operativplan vom 12. 5. 78, welche bei den Beratungsteilnehmern als bekannt vorausgesetzt wurden.

Ergänzend zu diesen Dokumenten erstattete Gen. Hptm. Ansorge Bericht über die wesentlichsten Arbeitsergebnisse der letzten vier Wochen.

In Auswertung der jetzt vorliegenden Beobachtungsberichte der Diensteinheit der Linie VIII ist einzuschätzen, daß die Beobachtungsobjekte Verhaltensweisen zeigten, die an und für sich "Hobbyfreunden" nicht eigen sind. So zeigten sie, egal, ob einzelnen oder mit mehreren Personen im Pkw, ein stark sicherndes Verhalten wie z. B. durch

ständige Beobachtung des nachfolgenden Verkehrs

häufiges Wechseln der Geschwindigkeit

Betätigung des Fahrtrichtungsanzeigers ohne Verlassen der Fahrtrichtung

plötzliche Veränderung der Fahrtrichtung ohne Betätigung des Fahrtrichtungsanzeigers usw.

Besonders Wollnys Verhalten ist als operativ interessant zu bewerten, der als Reiseziel Brandenburg angab, durch B-Kräfte jedoch inHöhe Neustadt/Dosse gesichtet wurde und bei Verlassen der DDR an der Güst gegenüber Zollangehörigen der DDR

Pkw zu überprüfen und einzulegen. Die durch die Verdächtigen durchfahrenen Streckenabschnitte sind durch den Einsatz von der B-Gruppe der DE XIX von ihrer Bedeutsamkeit für die Möglichkeit der militärischen-ökonomischen Spionagetätigkeit zu dokumentieren. Wesentliche Ergebnisse sind in der Vergleichsreihe zur Person einzuarbeiten.«

Der Operativplan schließt mit der Aufgabe für alle Beteiligten, eine Analyse durchzuführen, die die gesamte Reisetätigkeit, operative Hinweise zur Person, die territorialen Besonderheiten und die Vielgestaltigkeit in ihren Antragsverfahren umfaßt. Zur Verdeutlichung der umfangreichen Aufgabe sei noch der Schlußsatz des Operativplanes von Hauptmann Ansorge zitiert:

»Gleichlaufend sind für weiterführende Konsultationen die tatbestandmäßigen Anforderungen und sich für die Bearbeitung ergebenden Aufgaben differenziert in weitergehenden Maßnahmen einzuordnen«.(sic!)

äußerte, daß er infolge schlechter Witterungsverhältnisse in Brandenburg keine Lokfotos aufnehmen konnte. Fotografische Handlungen wurden nicht festgestellt.

- Es wurde eine aktuelle graphische Reiseanalyse erarbeitet, die von 1975 bis Mai 1978 zu jeder der 6 Personen eine Aussage zu solchen Fragen wie z. B.

    Antragstellung
    tatsächliche Einreise/Ausreise
    Zielorte
    Feststellungsorte
    DDR-Kontaktpartner
    benutzte Pkw usw.

  gibt. So wurde festgestellt, daß die 6 Personen einzeln oder auch in Gruppen Anträge für 90 Zielorte (vorwiegend südlicher Raum der DDR) stellten, bisher insgesamt 26 Pkw wechselseitig benutzten und 11 Güst zur Ein-/Ausreise benutzten. Es ist auch ersichtlich, daß nicht nur Sonn- und Feiertage, sondern auch andere Wochentage für die Reisetätigkeit genutzt wurden.

BStU 000320

- Die Bearbeitung der DDR-Kontaktpartner durch die eingeschalteten Abteilungen XIX ist eingeleitet. Positiv wurde hier die Abteilung XIX Leipzig erwähnt, wo günstige Voraussetzungen zur Einleitung offensiver Kontrollprozesse erarbeitet wurden.

- Um die persönliche Verbindung zwischen IMV "Kleinbahn" und dem DDR-Kontaktpartner [redacted] weiter auszubauen und zu festigen, erfolgte am 10. 6. 78 ein Besuch des IMV in der Wohnung des [redacted] Als wesentlichstes Ergebnis dieses ca. 4½ Stunden währenden Besuches ist festzustellen:

  die Kontaktfestigung zwischen IMV und [redacted], unterstützt durch ein übergebenes Geschenk;

  eine Kontaktaufnahme des IMV zu 2 BRD-Bürgern, welche sich zu diesem Zeitpunkt besuchsweise bei [redacted] befanden. Mit einem dieser als "Hobbyfreunde" bekannten BRD-Bürger [redacted] tauschte der IMV die Adressen aus. Dieser [redacted] ist sehr interessiert daran, vom IMV alle Ausgaben der "Fahrt frei" seit Beginn 1978 zu erhalten. Seitens [redacted] wurde ein Besuch angekündigt. [redacted] erwähnte auch im Gespräch, den im OV bearbeiteten [redacted] in Westberlin besucht zu haben, ohne näher darauf einzugehen. Beim zweiten BRD-Bürger handelt es sich vermutlich um einen [redacted], geb. [redacted] der sich am Adressenaustausch nicht und am Gespräch verhältnismäßig wenig beteiligte.

Es ist einzuschätzen, daß dieser Besuch bei [redacted] Möglichkeiten bietet, den IMV "Kleinbahn" mit dem uns interessierenden Personenkreis im OV "Fotograf" direkt in Kontakt zu bringen.

000321 3

Genosse Oberst Ullrich gab sowohl den vorliegenden Dokumenten als auch der ergänzenden Berichterstattung seine Zustimmung. Er informierte zum Pkt. .... des Operativplanes vom 12. 5. 7 wonach zu prüfen ist, die Transportpolizei bei der Feststellung der benutzten Pkw der bearbeiteten Personen um Unterstützung zu ersuchen.

Die Prüfung dieser Frage wurde über den Leiter der HA Transportpolizei eingeleitet.

Im Ergebnis der Beratung wurden folgende Orientierungen gegeben und festgelegt:

- Neben den anderen politisch-operativen Maßnahmen sind den B-Maßnahmen entscheidende Bedeutung beizumessen. Die Konzentration hier - wie auch im gesamten Bearbeitungsprozeß - hat vorrangig auf die 2 oder 3 wichtigsten und interessantesten Personen zu erfolgen, wobei der Grundsatz, daß jeder der 6 Personen abgearbeitet werden muß, streng zu beachten ist.

- Die analytische Tätigkeit - auch die sogenannte Kfz.-Analyse ist aussagekräftig weiterzuführen. Auf der Grundlage der vorliegenden graphischen ist in Kurzform die textliche Analyse zu erstellen.

- Die DDR-Kontaktpartner sind intensiv weiter zu bearbeiten. Schwerpunkt ist auf den Wohn-/Freizeitbereich zu legen, wobei der IM-Einsatz zu forcieren und alle anderen operativen Möglichkeiten der Kontrolle zu prüfen und zu nutzen sind. Unbedingt ist die Konspiration zu wahren.

- Alle Ermittlungsergebnisse sind gründlich analytisch zu verarbeiten. Das gilt besonders für die Ende Juni/Anfang Juli zu erwartenden E-Berichte der HA VIII (BRD/WB), um hieraus z. B. Rückschlüsse auf die tatsächliche Tätigkeit, das zur Verfügung stehende Zeitvolumen usw. zu ziehen.

- Zielgerichtete Kontrollen der 6 Personen an den Güst werden vorerst nicht durchgeführt.

- Bis Ende Juli ist eine Entscheidung vorzubereiten, nach der festzulegen ist,

  a) welche dieser 6 Personen vorrangig zu bearbeiten sind;

  b) wie der eigene Kräfteeinsatz am zweckmäßigsten und optimalsten zu organisieren ist.

- Um von der rechtlichen Seite festgestellte Transitabweichungen sowie das Nichtanfahren angegebener Reiseziele richtig einschätzen und würdigen zu können, ist durch Gen. Major Kühn eine Konsultation mit der Rechtsstelle des MfS und der HA VI durchzuführen und das Ergebnis als Dokumentation zum Bestandteil des Vorganges zu machen.

  Gleichzeitig ist zu prüfen, welche operativen Möglichkeiten sich für die Weiterführung des Vorgangs hieraus ergehen.

000322

4

Außerdem ist mit der HA II eine Konsultation über die Feststellungsergebnisse der Linie VIII sowie deren Wertigkeit zu führen. Das Ergebnis ist aktenkundig zu machen.

Gegenteilige Auffassungen traten nicht auf.

Genosse Oberst Ullrich legte fest, daß die nächste Beratung zum OV "Fotograf" Ende Juli 1978 durchgeführt wird. Termin wird noch mitgeteilt.

Leiter der Abteilung III

Schulz
OSL

Hauptabteilung XIX
Abteilung III/3

Berlin, den 26. 6.1978
Kü/Bae

Einverstanden
30. 6. 78

Vermerk
OV "Fotograf" - Abteilung XIX Potsdam

Am 21. 6. 78 erfolgte mit der HA VII, Gen. OSL Salewski, eine persönliche Beratung zum Problem der möglichst lückenlosen Kontrolle der im OV "Fotograf" bearbeiteten Personen (sh. Vorschlag vom 6. 6. 78).

Im Ergebnis ist festzustellen:

1. Die Einleitung einer derartigen Maßnahme zentral, z. B. über den Stab des MdI, ist nicht zweckmäßig, da hierdurch zuviel Kräfte gebunden werden und das Feststellen der fraglichen Pkw ungewiß ist.

2. Die Möglichkeit, diese Aufgabe mit Hilfe der Verkehrspolizei zu lösen, wurde ebenfalls verworfen, da der weitaus größte Teil der Kräfte zur Sicherung der Transitstrecken eingesetzt ist.

Folgende Lösungsvariante wurde beraten und für durchführbar gehalten:

Die Leiter der Abteilungen VII und XIX werden über den Stellvertreter Operativ der jeweiligen Bezirksverwaltung mit der Aufgaben- und Zielstellung der Maßnahme vertraut gemacht und müßten entsprechende vorbereitende Maßnahmen für die Durchführung von Zielfahndungen in ihrem Verantwortungsbereich mit der BdVP und dem Trapo-Amt einleiten. Ihnen werden auch die fraglichen Pkw-Nummern mitgeteilt. Reist das Fahndungsobjekt ein, wird die Abteilung XIX Potsdam durch die HA VI sofort informiert. Die Abteilung XIX Potsdam informiert umgehend die Abteilung XIX, in deren Verantwortungsbereich das angegebene Reiseziel liegt. Von dieser Abteilung XIX wird in Koordinierung mit der Abteilung VII die Fahndung nach dem jeweiligen Pkw eingeleitet und das Feststellungsergebnis der Abteilung XIX Potsdam mitgeteilt. Hierdurch wäre gewährleistet, daß

die Konspiration gewahrt
der Aufwand (Kräfteeinsatz, Zeitraum) minimal gehalten wird.

Ein derartiges Vorgehen muß mit dem Leiter der HA XIX, Gen. Oberst Ullrich, beraten und von ihm entschieden werden.

Kühn
Major

MINISTERRAT
DER DEUTSCHEN DEMOKRATISCHEN REPUBLIK
MINISTERIUM FÜR STAATSSICHERHEIT
Hauptabteilung XIX

Berlin, den 10. Juli 1978
Tgb.-Nr. XIX/III/ 3601 /78 Sch/B

BV f. Staatssicherheit
Abt. XIX
Gen. OSL Spors

Potsdam

MfS/Po
Eing. am 13. Juli 1978
Tgb. Nr. 1085/78
Weiter an:

Berichterstattung OV "Fotograf"

Lt. Führungsplan des Leiters der HA XIX, Gen. Oberst Ullrich, findet am 28. 7. 78 um 9.00 Uhr eine Beratung über den Stand und die weiteren Aufgaben zum OV "Fotograf" statt.

Zur Kenntnisnahme und entsprechenden Vorbereitung.

Leiter der Abteilung III

Schulz
OSL

VD-5.2.-01.14 5058 774 50.0

Nachdem die vorstehenden Dokumente eher theoretischer Natur waren, wendete sich die Stasi Mitte Juli 1978 wieder der praktischen Umsetzung ihrer »operativen Maßnahmen« zu. Für den 15. Juli hatte ich ein Visum für den Raum Karl-Marx-Stadt (Chemnitz) beantragt. Der Kenner ahnt sofort, daß ich den Tag unter das Motto „Dampf im Erzgebirge" stellen wollte.
Vermutlich gab es auch in Karl-Marx-Stadt und Umgebung zahlreiche »M-Objekte«, jedenfalls nahm die Stasi meinen Visumantrag als Anlaß, einmal mehr die Zähne zu zeigen. Mit einem Großaufgebot wurden die Autobahnabfahrten Karl-Marx-Stadt Süd und Nord abgesichert. Darüber hinaus standen Kontrollen im Stadtzentrum sowie an Militärobjekten in KMS auf dem Programm. Um 8.00 Uhr morgens war alles postiert.
Natürlich wußte ich von diesen Aktivitäten nichts, sonst hätte ich mich womöglich als höflicher Mensch dort blicken lassen. So aber warteten die Detektive vergebens, denn wer nicht kam, war ich! Ich hatte die Autobahn schon in Triptis verlassen, um wie üblich den E 800 mit einer 01.5 zu fotografieren. Den Rest des Tages verbrachte ich an den Strecken rund um Gera, und während ich dort ungestört die abgebildeten Aufnahmen machte, wartete die Stasi in Karl-Marx-Stadt, und wartete und wartete... Heute lachen wir über derartige Geschichten. Damals hatten wir allerdings schon immer wieder ein flaues Gefühl im Bauch, wenn wir in die DDR einreisten, das erst dann weg war, wenn wir die Grenze in die Bundesrepublik wieder überschritten hatten. Der von den Herren Schnabel und Härtl unterzeichnete Beobachtungsbericht von obiger Aktion ermöglicht es, meinen Tagesablauf, der sich im Wesentlichen nach dem Kursbuch der Deutschen Reichsbahn richtete, mit dem der Verfolger abzugleichen:

MINISTERRAT
DER DEUTSCHEN DEMOKRATISCHEN REPUBLIK
Ministerium für Staatssicherheit

BStU
000108

Hauptabteilung/Abteilung/Referat
Bezirksverwaltung/Verwaltung
Sachbearbeiter P e r s ö n l i c h
Telefon

Hauptabteilung/Abteilung XVIII - Leiter Karl-Marx-Stadt, 17. 8. 1978
Hä/En
Bezirksverwaltung/Verwaltung Potsdam
Kreis-/Objektdienststelle des Ministeriums für Staatssicherheit

Eingegangen 24. AUG. 1978
Erledigt 5185

10. Okt. 1978
1573/78

Beobachtungsbericht

Betr.
Wohnhaft
Decknamen "Fotograf" Reg.-Nr. des Auftragsersuchens VIII/B/1329/78
Für die Zeit vom 15. 7. 78, 8.00 Uhr bis 15. 7. 1978, 15.00 Uhr

15. 7. 1978

8.00 Uhr wurde mit der Beobachtung "Fotograf" begonnen.
Ab diesem Zeitpunkt wurden die Autobahnabfahrten Karl-Marx-Stadt Süd und Nord abgesichert.
Weiterhin wurden Kontrollen im Stadtzentrum sowie an Militärobjekten in Karl-Marx-Stadt durchgeführt.

- 2 -

BStU
000109

Da bis
12.30 Uhr die Pkw's die Autobahnabfahrt Karl-Marx-Stadt Süd sowie Nord nicht passierten bzw. im Stadtgebiet von Karl-Marx-Stadt nicht aufgenommen werden konnten, wurden die bekannten Adressen in Schönheide sowie in Wiesenburg kontrolliert.
Da bis
15.00 Uhr die bekannten Pkw's nicht aufgenommen werden konnten, wurde die Beobachtung beendet.

Leiter der Abteilung VIII Leiter des Referates VIII/5

Schnabel
Oberstleutnant

Härtl
Hauptmann

Wieder einmal bleibt festzuhalten, daß ich ungleich erfolgreicher war als die Stasi. Am 28. Juli 1978 stand die OPK »Fotograf« wieder einmal auf der Tagesordnung einer Beratung bei Genosse Oberst Ullrich. Neben dem Protokollanten, Oberstleutnant Gempke, nahmen die uns schon bekannten Herren Spors, Kühn und Seidel daran teil. Die Quintessenz der Beratung ist schnell dargestellt:

»Die eingeleiteten Bearbeitungsprozesse im Rahmen einer OPK – unterstützt durch zielgerichtete analytische Arbeit – hatten zum Ergebnis, daß Verhaltensweisen bei diesen Personen sichtbar wurden, die den Schluß zulassen, daß diese Verhaltensweise als eine Methode dem Feindangriffsbild entsprechen könnte, wofür im Rahmen des OV »Fotograf« der Beweis anzutreten ist.«

Es ist nicht zu übersehen, daß sich die Wortwahl seit den Anfängen der Beobachtung verändert hat. Wir entsprachen nun dem »Feindangriffsbild« – verglichen mit den Akten aus der Anfangszeit ist eine Verschärfung des Tons nicht zu übersehen.

Erstmals erkennbar ist in diesem Protokoll eine Differenzierung der unter »Fotograf« zusammengefaßten Personen. Verdächtig waren wir natürlich alle, aber »von den 6 Personen im OV haben sich 3 Personen herauskristallisiert, die am operativ interessantesten bei ihren Einreisen in die DDR in Erscheinung treten.«

Unter diesen dreien war auch ich – kein Wunder, denn ich war »*operativ aufgefallen an M-Objekten in Hohenleipisch sowie in Neustadt/Dosse. Am letztgenannten Ort ca. 1 Stunde aufgehalten, es fanden M-Verladungen statt. Keine Handlungen wie besonderes Interesse für Verladungen bzw. Personenkontakte trotz Beobachtung festgestellt. Bei Einreisen 1978 in die DDR (Mai und Juli) konspirative Verhaltensweisen gezeigt.«*

»Um 8. 00 Uhr wurde mit der Beobachtung ‚Fotograf' begonnen« – und zwar in Karl-Marx-Stadt. Was die dort auf uns wartende Stasi leider nicht wußte: Wir hatten zwar KMS beantragt, dann aber kurzfristig unser Programm geändert und uns für den Raum Gera entschieden. So haben wir uns einigen Ärger mit den Genossen erspart. Noch bevor die Stasi ihre Posten bezogen hatte, fotografierte ich hinter Neustadt an der Orla bei Dreitzsch um 7.45 den E 800 mit 01 521.
Foto: Burkhard Wollny

Um 11.40 Uhr stand im Bahnhof Gera eine Saalfelder 01.5 vor dem E 802 abfahrbereit nach Leipzig, während die 52 8054 rückwärts als Lz den Bahnhof verließ – In Karl-Marx-Stadt wartete man unterdessen schon über dreieinhalb Stunden auf mich.
Foto: Burkhard Wollny

Um 13.17 Uhr verließ P 6046 Ronneburg, an der Spitze die 58 3049 – noch immer wartete die Stasi in Karl-Marx-Stadt...
Foto: Burkhard Wollny

Trotz aller Bemühungen mußte Gemps einmal mehr eingestehen, daß das MfS mit den bisherigen Ermittlungsergebnissen nicht zufrieden war.

Es gibt insgesamt aus dem Aufklärungsprozeß, vor allem der operativ interessantesten Kontaktpartner in der DDR noch keine befriedigenden Ergebnisse im Zusammenwirken mit den Abteilungen XIX (nur Leipzig und Dresden haben bisher die Aufgabenstellung realisiert – muß neu profiliert werden).

14. 59 Uhr: 65 1076 verläßt den Bahnhof Nöbdenitz. Eine Minute später beschloß die Stasi im Erzgebirge, die Aktion abzubrechen, da die »bekannten Pkw's« nicht aufgenommen werden konnten.
Foto: Burkhard Wollny

Genosse Spors folgerte daraus: *»Es wird zu einer Notwendigkeit, die beteiligten Abteilungen XIX aktiv mit einzubeziehen, ihnen richtig die zu erreichende Aufgabenstellung klar zu machen. In die engere Wahl einer zielstrebigen aktiven politisch-operativen Bearbeitung sind vorrangig die Personen Schlipf und Wollny zu nehmen.«* Und Genosse Oberst Ullrich bekräftigte seinen Vorredner und wies insbesondere auf die Konspiration der Bearbeitung hin: »Hier darf keine Leichtsinnigkeit zugelassen werden«.

Bei Lichte besehen ist es freilich kein Wunder, daß die Beobachtungsmaßnahmen nicht die gewünschten Erfolge brachten. Ein »Vorschlag für die geplante Absprache mit dem Leiter der HA VIII Genossen Generalmajor Schubert, zur Einleitung von B-Maßnahmen zum OV »Fotograf«« vom 2. August 1978 gibt Aufschluß darüber, daß die Stasi mit recht banalen Problemen zu kämpfen hatte:

Hauptabteilung XIX
Abteilung III/3

Berlin, den 2. 8. 1978
Kü/Bae

V o r s c h l a g
für die geplante Absprache mit dem Leiter der HA VIII,
Genossen Generalmajor Schubert, zur Einleitung von
B-Maßnahmen zum OV "Fotograf"

Kurzer Sachstand

Im Verlaufe der bisherigen operativen Bearbeitung des OV "Fotograf" (§ 97 StGB) wurden auf der Grundlage vorliegender Einreiseanträge für bestimmte Tage B-Aufträge direkt an die beteiligten Abteilungen VIII übergeben und persönlich abgesprochen.

Diese B-Aufträge konnten nicht in jedem Fall realisiert werden, da

- entweder der Antragsteller nicht einreiste oder
- der Einreiseantrag kurzfristig gestellt wurde und somit keine Kräfte zur Verfügung standen oder
- die Kräfte bereits anderweitig gebunden waren.

Zum bisherigen Verfahrensweg ist zu erwähnen, daß jede beteiligte Abteilung VIII einen B-Auftrag benötigt, der persönlich übergeben und abgesprochen werden muß.

Ein Beispiel:

Einreise geplant über Güst Hirschberg, Reiseziel Lutherstadt Wittenberg.
Beteiligte Abteilungen VIII

Gera
Leipzig
Halle

Da kein Fahrtweg vorgeschrieben ist, müßten angrenzende Abteilungen VIII

Karl-Marx-Stadt
Erfurt
Magdeburg

ebenfalls informiert sein. Dieser Verfahrensweg ist sehr zeitaufwendig und auch unökonomisch. Außerdem ist immer damit zu rechnen, daß der Antragsteller nicht zum vorge-

2

sehenen Zeitpunkt einreist. Hiermit wäre der B-Auftrag ungültig und der Verfahrensweg müßte zu einem späteren Zeitpunkt wiederholt werden.

Vorschlag

1. Besteht die Möglichkeit, zu veranlassen, daß im Rahmen der operativen Bearbeitung dieses Vorganges eine Ausnahmegenehmigung getroffen werden kann, indem die B-Aufträge zu den zwei in Frage kommenden Personen Schlipf und Wollny eine Gültigkeit von 2 - 4 Monaten erhalten können?
   Die persönliche Absprache und Hinterlegung der B-Aufträge bei den beteiligten Abteilungen wird gewährleistet.

   Das Signal über die geplante und erfolgte Einreise wird durch die HA VI auf der Grundlage festgelegter Fahndungsnummern gegeben.

   (Signal HA VI = Abteilung VIII
   Staatsgrenze West; von dieser Abteilung VIII
   erfolgt Übergabe an jeweils beteiligte Abteilung VIII
   anderer Bezirke)

   Einreisen erfolgen in der Regel in der Zeit von 6.00 bis 10.00 Uhr.

2. Gleichfalls wäre zu prüfen, ob mit jeweils einem B-Auftrag im o.g. Zeitraum mehrere Einsätze gefahren werden können, sofern mehrere Einreisen erfolgen.

3. Nachstehend aufgeführte Abteilungen VIII würden vorrangig zum Einsatz gelangen:

Berlin	Karl-Marx-Stadt
Cottbus	Leipzig
Dresden	Magdeburg
Erfurt	Potsdam
Gera	Suhl
Halle	

Anmerkung

Anfang April 1978 wurde bereits eine Beratung mit dem Stellvertreter des Leiters der HA VIII, Gen. OSL Zorn, geführt, in deren Ergebnis unterstützende Maßnahmen der HA VIII/4 (vornehmlich Transitstrecken) mit auswertbaren Ergebnissen realisiert wurden. Sofern die Transitstrecken verlassen werden, kann die HA VIII/4 weisungsmäßig keine Übergabe/Übernahme durch die Abteilungen VIII veranlassen.

Sollten die unterbreiteten Vorschläge nicht realisierbar sein, wäre zu prüfen, ob der Leiter der HA VIII, Gen. Generalmajor Schubert, dennoch einen Weg sieht, um uns bei der Realisierung von B-Maßnahmen zu unterstützen.

Gempke
OSL

Kühn
Major

Da braucht also jede beteiligte Abteilung einen B-Auftrag, der *persönlich übergeben und abgesprochen sein muß*. Der zu Beobachtende muß sich an seinen angegebenen Einreisezeitpunkt halten. Tut er das nicht (und wir taten dies häufiger nicht), dann wird dieser persönlich übergebene B-Auftrag ungültig…

Wenn das Ganze nicht so traurig wäre, könnte man darüber lachen. Man hört den Amtsschimmel wiehern, insbesondere, wenn man die Lösungsvorschläge liest: *Verlängerung des B-Auftrages mittels einer Ausnahmegenehmigung* oder die *Ausdehnung eines B-Auftrages auf mehrere Einsätze*. Besonders skurril ist schließlich der Hinweis auf den »unökonomischen Verfahrensweg«.

Der Leser möge sich seine eigene Meinung dazu bilden.

Verständlicherweise konnte Genosse Ullrich mit dem bisherigen Ablauf nicht zufrieden sein. Aus seiner Sicht bestand dringender Handlungsbedarf und so schickte er am 15. August 1978 einen Aufgabenkatalog an die Bezirksverwaltungen der Stasi in den einzelnen DDR-Bezirken. Darin setzte er allen Beteiligten eine Art Ultimatum: »Sämtliche organisatorischen Probleme müssen bis zum 31. August 1978 realisiert (gemeint ist vermutlich: geklärt; d. Aut.) sein«.

15. August 1978
XIX/Ltr.14265/78 Kü/Bae

Hauptabteilung XIX
Leiter

BStU
000284

BV f. Staatssicherheit
Abteilung XIX
Cottbus, Dresden, Erfurt,
Gera, Halle, K-M-Stadt,
Leipzig, Magdeburg,
Potsdam, Suhl

über Stellv. Operativ

Operativvorgang "Fotograf" – § 97 StGB

Im genannten OV werden 6 Personen aus der BRD und Westberlin, die seit 1975/76 häufig unter Angabe des Modelleisenbahnhobbys aus touristischen Gründen in die DDR einreisen, durch die Abteilung XIX Potsdam im engen Zusammenwirken mit der Hauptabteilung XIX/III operativ bearbeitet.

Bisher eingeleitete Kontrollmaßnahmen lassen den Schluß zu, daß diese Personen möglicherweise das Hobby als Abdeckung für ihre häufigen Einreisen in die DDR nutzen. Auch wurde bisher festgestellt, daß sie sich während ihrer Aufenthalte in der DDR konspirativ verhielten, während der Teilnahme an Sonderfahrten des Deutschen Modellbahnverbandes der DDR (DMV der DDR) keine oder äußerst wenig Fotoaufnahmen machten, dafür jedoch sehr aufmerksam und fast unauffällig ihre unmittelbare Umgebung kontrollierten.

Die Einreisen dieser Personen in die DDR erfolgen meistens mit Pkw, wobei bisher 26 Pkw festgestellt wurden, die wechselseitig benutzt werden. In diesem Zusammenhang wurden etwa 90 Zielorte bekannt, die bei der Antragstellung zur Erlangung eines Einreisevisum angegeben wurden (sh. Anlage 1 und 2). Nur in wenigen Fällen konnte bisher festgestellt werden, daß diese Zielorte tatsächlich angefahren wurden. In diesen Fällen befanden sich die Insassen auf oder am Bahngelände und fotografierten – wenn auch nicht in jedem Fall – Dampflokomotiven Bemerkenswert hierbei ist, daß zu den Feststellungszeitpunkten verschiedentlich M-Bewegungen auf der Schiene erfolgten. Andererseits wurde bei der nachträglichen Besichtigung der Feststellungsorte (Bahngelände) in einigen Fällen sichtbar, daß sich in der Nähe des Bahngeländes militärische Objekte befinden, die z. T. eingesehen werden konnten.

Neben bereits eingeleiteten operativen Maßnahmen zur Aufklärung und Bearbeitung bekannt gewordener DDR-Kontaktpartner durch mehrere Abteilungen XIX besteht der Schwerpunkt der gegenwärtigen Bearbeitungsetappe dieses OV darin, analytische Werte zu er-

BStU
000285

2

arbeiten, in deren Folge weitergehende politisch-operative Aufgaben geplant und durchgeführt werden sollen.

Um derartige Werte zu erhalten und vorhandene Feststellungsergebnisse zu präzisieren ist es notwendig, bei erfolgten Einreisen der verdächtigen Personen mit Pkw zu erkunden, ob diese Pkw am oder in der Nähe des Bahngeländes des bei der Einreise angegebenen Zielortes gesichtet werden.

Da die hierzu notwendigen Maßnahmen unsere eigenen Möglichkeiten übersteigen und infolge der sporadischen Einreisetätigkeit der Verdächtigen auch die Linie VIII nicht immer sofort einsetzbar ist, ersuche ich Sie um Ihre Unterstützung bei der Realisierung der nachfolgend genannten Aufgabenstellung, wobei enge Koordinierungsmaßnahmen zwischen der Abteilung XIX Potsdam und den Abteilungen XIX der beteiligten 10 Bezirksverwaltungen erforderlich sind.

Nachfolgend informiere ich Sie über die durch die Diensteinheiten XIX einzuleitenden Maßnahmen, über Fragen des Zusammenwirkens und organisatorische Probleme:

1. Aufgabenstellung für die Abteilung XIX Potsdam

Im Zusammenwirken mit der Hauptabteilung VI ist zu gewährleisten, daß die Abteilung XIX bei Einreise der fraglichen Pkw sofort informiert wird. Es ist zu sichern, daß diese Einreiseinformation mit Pkw-Nr., Anzahl der Insassen, Zielort und Aufenthaltsdauer sofort an die zuständige Abteilung XIX zur Einleitung der entsprechenden Maßnahmen weitergeleitet wird. Notwendige Informationsbeziehungen sind zwischen der Abteilung XIX Potsdam und den beteiligten Abteilungen XIX über den Tel.-Apparat 2491 der BV Potsdam (ständiger Opd) zu organisieren.

Die unter Pkt. 2. genannte Aufgabenstellung ist im eigenen Verantwortungsbereich ebenfalls zu realisieren.

2. Aufgabenstellung für die Abteilung XIX

Mit dem Leiter des Transportpolizeiamtes ist abzusprechen, daß auf ein entsprechendes Signal der Abteilung XIX die Zielfahndung nach dem entsprechenden Pkw einzuleiten ist. Hierbei sind die am günstigsten postierten operativen Kräfte des TPA (K, S, ABV, ZB II und III) einzusetzen, wobei am angegebenen Zielort (ausschließlich Bahnhofsvorplatz und Bahngelände) zu fahnden ist.

Informationsbedarf:

a) Feststellungsort
b) Zeitpunkt der Feststellung von/bis
c) Anzahl der Insassen
d) M-Bewegungen am Feststellungsort
e) militärische Objekte am oder in der Nähe des Feststellungsortes, die eingesehen werden können

BStU
000286

3

Zur Realisierung dieser Aufgabenstellung ist der Transportpolizei die Pkw-Nr. sowie der Zielort mit Umgebung als Schwerpunktfahndungsraum zu übermitteln.

Um die Maßnahme zu konspirieren, ist zu sichern, daß keinerlei Kontrollen der Personen oder Pkw erfolgen, ausgenommen, es liegen Rechtsverletzungen vor.

Mit der Transportpolizei ist eine telefonische Rückmeldung noch am gleichen Tag zu vereinbaren. Die Informationsbeziehungen mit der Transportpolizei sind zweckmäßigerweise über den OdH zu organisieren. Das Ergebnis der Rückmeldung muß umgehend an die Abteilung XIX Potsdam, Tel. 2491 weitergeleitet werden.

Gleichlaufend hiermit ist der Leiter der Abteilung VII über den Inhalt und die Zielstellung dieser Maßnahme zu informieren. Hierbei muß geprüft werden, ob und welche Möglichkeiten vorhanden sind und eingeleitet werden können, um Kräfte der BdVP/VPKA dort zum Einsatz zu bringen, wo ein kurzfristiger Einsatz der Transportpolizei nicht oder nur mit erheblichem Aufwand möglich ist. Der hierbei zu realisierende Informationsbedarf ist dem der Transportpolizei gleichgestellt.

Bei Vorhandensein entsprechender Möglichkeiten sind entsprechende Koordinierungsmaßnahmen zu vereinbaren, wobei gesichert werden muß, daß die Feststellungsergebnisse von der Abteilung VII an die Abteilung XIX Ihrer BV und von dort weiter an die Abteilung XIX Potsdam übermittelt werden.

Über die Einleitung entsprechender Koordinierungsmaßnahmen ist die Abteilung XIX Potsdam zu informieren. Fehlmeldung ist erforderlich.

3. Organisatorische Probleme

Sämtliche organisatorischen Probleme müssen bis zum 31. August 1978 realisiert sein. Die Abteilung XIX Potsdam ist bis zum genannten Termin über die Bereitschaft zum Beginn der Maßnahmen zu informieren.

Beginn der Maßnahmen 1. September 1978.

Die Beendigung der Maßnahmen wird schriftlich mitgeteilt.

Konkrete Fälle, die sofortige Konsultationen oder Entscheidungen notwendig machen, werden zwischenzeitlich einzeln abgesprochen. Für notwendige Konsultationen benenne ich Ihnen

Gen. OSL Spors, Leiter der Abt. XIX Potsdam, Tel. 2490
Gen. Major Kühn, HA XIX/III/3, Tel. 2368

Anlage
3 Blatt

Ullrich
Oberst

Schon drei Tage vorher hatte sich Genosse Ullrich mit Generaloberst Lindner von der Hauptabteilung VIII (Beobachtung, Ermittlung) getroffen, um *flankierende Maßnahmen* bei der Beobachtung zu vereinbaren – unter anderem sollte »bei Aktivitäten im Rahmen der Hobbys der Gegenstand des Interesses benannt werden (z.B. Art der Schienenfahrzeuge oder Bahnanlagen einschl. Hintergrund und nähere Umgebung)«. Just an diesem Tag hätten die Herren ihren Worten Taten folgen lassen können, denn ich weilte am gleichen Tag in Radebeul und fotografierte dort – unbehelligt – eine vom DMV organisierte Fahrzeugausstellung.

Am 12. August 1978 besprachen Genosse Ullrich und Genosse Lindner »flankierende Maßnahmen« – gleichzeitig fotografierte ich in Radebeul eine Fahrzeugausstellung.
Die durch den DMV organisierten Fahrzeugausstellungen in Radebeul zeichneten sich dadurch aus, daß die Lokomotiven so fotogerecht abgestellt wurden, daß man sie immer »schräg von vorn« fotografieren konnte. Die Bilder zeigen zunächst eine preußische S 10, später Baureihe 17.10 mit der laufenden Nummer 1055. Diese Baureihe wurde in den Jahren 1911-15 gebaut. Sodann präsentiert sich der »Sachsenstolz«, 19 017, die als XX HV 207 von Hartmann in Chemnitz 1922 gebaut wurde. Beide Maschinen sind nicht betriebsfähig der Nachwelt erhalten worden.
Foto: Burkhard Wollny

Hauptabteilung XIX
Leiter

Berlin, 18. August 1978
XIX/III/3/ /78 schm-ba

p e r s ö n l i c h

Hauptabteilung II
Leiter

im Hause

Operativvorgang "Fotograf" - § 97 StGB

Im genannten OV werden 6 Personen aus der BRD und Westberlin, die häufig unter Angabe des Modelleisenbahnhobbys aus touristischen Gründen in die DDR einreisen, durch die Abteilung XIX Potsdam im engen Zusammenwirken mit der Hauptabteilung XIX operativ bearbeitet.

Bisher vorliegende Kontrollergebnisse lassen den Schluß zu, daß diese Personen möglicherweise das Hobby als Abdeckung für ihre häufigen Einreisen in die DDR nutzen. Auch wurde bisher festgestellt, daß sie sich während ihrer Aufenthalte in der DDR konspirativ verhielten, während der Teilnahme an Sonderfahrten des Deutschen Modellbahnverbandes der DDR (DMV der DDR) keine oder äußerst wenig Fotoaufnahmen machten, dafür jedoch die mitfahrenden Hobbyfreunde, die sich in ihrer unmittelbaren Umgebung befanden, unauffällig kontrollierten usw.

Die Einreisen in die DDR erfolgten meistens mit Pkw, wobei die Antragstellungen intensiver wie die tatsächlichen Einreisen sind. Bisher wurden mehr als 26 Pkw, die wechselseitig benutzt werden, festgestellt.

Von dem Personenkreis wurden seit 1975 90 verschiedene Orte, vorwiegend in den Südbezirken gelegen, als Einreiseziele angegeben. Jeder dieser Zielorte wurde von jeder Person in der Regel jährlich ein- bis zweimal, einige Orte wie Aue, Dresden, Ilmenau, Jena, Saalfeld und Arnstadt mehrfach angegeben.

Einreisen erfolgten gehäuft an Wochenenden, meist zwei- bis dreimal hintereinander und vereinzelt an Werktagen.
Sie erfolgten überwiegend im Zeitraum Februar bis Ende Oktober.
Zu jeder Person wurden jährlich zwei bis drei Perioden einer gehäuften Einreisetätigkeit im Abstand von drei bis vier Monaten festgestellt.

Diese gehäufte Einreisetätigkeit erstreckte sich jeweils auf einen Zeitraum von zwei bis drei Wochen. Während dieser Zeit erfolgten fast täglich Einreisen. In den Perioden gehäufter Einreisetätigkeit hielt sich in der Regel eine Person aus dem Kreis der Verdächtigen zu einem längeren besuchsweisen Aufenthalt bei einem DDR-Bürger auf.

Die in der Anlage beigefügten Fotos stellen die zwei Personen dar, die im OV einer aktiven politisch-operativen Bearbeitung unterliegen, da sie in verdächtiger Weise in der DDR 1977/78 an militärischen Objekten aufgefallen sind.

Beide Personen sind seit 1975 mehrmals in folgende Bezirke eingereist:

Cottbus	Karl-Marx-Stadt
Dresden	Magdeburg
Erfurt	Potsdam
Halle	Suhl

Um alle Möglichkeiten bei der operativen Bearbeitung des OV "Fotograf" zu nutzen, bitte ich um Ihre Unterstützung und Einleitung nachstehend aufgeführter Maßnahmen:

1. Im Rahmen der Vergleichsarbeit festzustellen, ob die auf dem Foto dargestellten Personen evtl. bereits gespeichert, jedoch noch nicht identifiziert werden konnten.

2. Die Aufnahme beider Personen in Ihr Fahndungssystem vorzunehmen, insbesondere in den Bezirken

Cottbus	Karl-Marx-Stadt
Dresden	Magdeburg
Erfurt	Potsdam
Halle	Suhl

Anlage
Fotos

Ullrich
Oberst

Immer mehr schien sich der Genosse Ullrich in diesen Augusttagen 1978 auf uns und insbesondere auf Dieter Schlipf und mich, „eingeschossen" zu haben. Und so ließ die nächste „Breitseite" auch nicht lange auf sich warten, denn am 18. August 1978 bat er sogar den Leiter der Hauptabteilung II (Spionageabwehr) um Unterstützung:
Damit es die Spionageabwehr leichter hatte, uns »in ihr Fahndungssystem« aufzunehmen, legte er dem Ersuchen Fotos von uns bei. Dann war erst einmal Ruhe – offenbar machten die Ermittler Sommerpause.
Einen Monat später, am 22. September, trafen wir uns wieder, wenn auch nicht von Angesicht zu Angesicht. Ich wollte an diesem Tag zu den Harzbahnen, um die dortigen Schmalspurdampfloks zu fotografieren und reiste daher über Eisenach ein. Wie ich oben bereits erwähnte, war ich mir in der Zwischenzeit bewußt, beobachtet und immer wieder verfolgt zu werden. Daher fiel mir auch kurz hinter Eisenach ein ein heller Lada auf, der ständig hinter mir herfuhr. Wie dem Beobachtungsprotokoll zu entnehmen ist, habe ich diesen erfolgreich abgeschüttelt:

Die Sommerpause ist vorbei... Nachdem ich am 22. September 1978 den Verfolger, der mir seit Eisenach auf den Fersen gewesen war, erfolgreich abgeschüttelt hatte, widmete ich mich den Dampfloks im Harz. Leider war das Wetter mäßig, aber dennoch war der Ausflug nicht gänzlich vergebens. Wir sehen 03 2154 in Wegeleben, die Malletlok 99 5906 auf der Selketalbahn bei Harzgerode sowie eine Bahnsteigszene ebenda.
Fotos: Burkhard Wollny

Leider war ich den Rest des Tages nicht ganz so erfolgreich. Doch lag dies weniger an mir als vielmehr an der Witterung. Da es zeitweise regnete, war die Fotoausbeute nicht ganz so, wie ich mir das wünschte. Dennoch, ein paar Aufnahmen gelangen doch – und ich finde, sie sind ganz ansehnlich geworden.

Am 3. Oktober 1978 erfuhr die Akte eine hochinteressante Bereicherung (es ist fast schon ein Treppenwitz der Geschichte, daß exakt 12 Jahre später die DDR der Bundesrepublik beitrat), denn mit diesem Datum enthält das Konvolut einen Ermittlungsbericht, der diesseits des „Eisernen Vorhangs" spielt. Wir erinnern uns: Knapp ein Jahr zuvor, am 24. November 1977, hatte Hauptmann Ansorge operative Maßnahmen im Westen veranlaßt. Schon um den 31. August des folgenden Jahres wurde dieser Auftrag in die Tat umgesetzt. Und nur einen guten Monat später lag das Ergebnis auf dem Tisch. Da es mittlerweile gesellschaftsfähig ist, Ermittlungsberichte auch über intime Details der Öffentlichkeit frei zugänglich zu machen, möchte ich das Ergebnis dieser Bemühungen der Leserschaft nicht vorenthalten:

MINISTERRAT
DER DEUTSCHEN DEMOKRATISCHEN REPUBLIK
Ministerium für Staatssicherheit

BStU
000087

Hauptabteilung/Abteilung/Referat VIII/6/10

XXXXXXXXXXXXXXXXXXXX

Sachbearbeiter Albert

Telefon 75 390

~~Hauptabteilung~~/Abteilung XIX Berlin, den 03.10.1978

Bezirksverwaltung/XXXXXXX Potsdam Tgb.-Nr. 1614/78

~~Kreis-/Objektdienststelle~~
des Ministeriums für Staatssicherheit

Tgb.-Nr. 411/78

Abt. /. ...
Eing. am 20. Okt. 1978
Tgb. Nr. 1614/78
Weiter an: ... Ref. 3 ...

Ermittlungsbericht

Es sollte ermittelt werden W o l l n y, Burkhard
geb. am: 27.04.1950 in Freiburg
wh.: 7 Stuttgart, Hasenbergsteig 6

Es wurde ermittelt W o l l n y, Burkhard
ca. 26 Jahre
wh.: Nürtingen, Liebermannstr. 1 (nicht wie i Auftr. angeg.

Der W o l l n y, Burkhard wohnt seit ca. 1975/76 unter der neuen Anschrift in Nürtingen, Liebermannstr. 1.

Er wohnt dort im Haushalt der Eltern, im 13. Stock eines 19-stöckigen Hochhauses.

Vorher wohnte er ebenfalls bei seinen Eltern in Stuttgart, Hasenbergsteig 6.

W. ist Bankkaufmann von Beruf und ist bei der Deutschen Bank in Stuttgart tätig.

- 2 -

- 2 -

BStU
000088

Er ist ledig und das einzige Kind seiner Eltern. Charakterlich wird er unterschiedlich eingeschätzt. Während er von einer Auskunftsperson als arrogant, überheblich und unhöflich bezeichnet wurde, sagte eine andere aus, daß W. ein netter, ruhiger und höflicher junger Mann sei.

Er verfügt über gute finanzielle Verhältnisse und besitzt einen PKW "Golf".

W. hat einen größeren Freundeskreis im Raum Stuttgart, der jedoch nicht näher bekannt ist. Er ist besonders an den Wochenenden oft unterwegs. Sein Hobby ist Fotografieren und besonders interessieren ihn alte Eisen- und Straßenbahnen. Er macht auch selbst Filme und soll an Ausstellungen teilgenommen haben.

Eine politische Betätigung ist nicht bekannt.

Der Vater des W. ist im TB wie folgt verzeichnet:

W o l l n y, Helmut
Nürtingen, Liebermannstr. 1
Tel.:

Der Vater ist bei der Firma

G a l l i o n, Wilh. GmbH
Tel.: 2060 - 1

in Stuttgart tätig und hat dort eine leitende Position inne. Zur Zeit der Ermittlung (ca. 31.08.78) waren die Eltern in Urlaub.

Die Mutter des W. ist nicht berufstätig.

Stellv. Leiter des Bereiches

Müller
Major

2 Ex./En.

Die Auskünfte über meine charakterlichen Eigenschaften erhielt der Spitzel anläßlich einer Befragung der Hausbewohner in meinem damaligen (Haupt-)Wohnort Nürtingen. Leider konnten jedoch auch aus dieser Maßnahme keine wesentlichen neuen Erkenntnisse gewonnen werden, vielmehr mußte der Ermittler zu Protokoll geben, daß »eine politische Betätigung (…) nicht bekannt« ist.

Auch bleibt unklar, was die Staatssicherheit mit der Angabe der Dienst-Telefonnummer meines Vaters anfangen sollte… Doch obwohl die Ermittler, wo immer sie tätig wurden, alsbald ihren Mißerfolg erkennen mußten, ließen sie nicht locker. Jedes noch so kleine Detail, daß ihnen auch nur im geringsten auffällig, weil außerhalb einer »Norm« liegend, erschien, wurde begierig aufgenommen und weiterverfolgt. Und so war es nur eine Frage der Zeit, bis ihnen auffallen mußte, daß wir bevorzugt an sonnigen Tagen einreisten, an regnerischen jedoch auf eine Ausnutzung des Visums verzichteten. Freilich, hätten die aufmerksamen Beobachter die bis dahin erstellten Akten genau gelesen, hätten sie den Grund dafür umgehend finden müssen. Denn schon am 21. November 1977 hatte Hauptmann Ansorge darauf hingewiesen, daß unsere witterungsabhängigen Einreisen unseren Hobbyinteressen entsprechen.

Doch nichts ist so alt wie die Akte des letzten Jahres. Offenbar hatte Genosse Spors die Akte nicht gelesen, sonst hätte er sich das folgende Auskunftsersuchen an die Abteilung VII (Abwehrarbeit, Ministerium des Innern, Deutsche Volkspolizei unter Generalmajor Jochen Brückner) ersparen können:

BStU
000247

Bezirksverwaltung für
Staatssicherheit Potsdam
Abteilung XIX

Potsdam, 20. 10. 78
An-Ml
XIX/ 1367 /78

Abteilung VII

Auskunftsersuchen

Im Rahmen der Bearbeitung eines Operativ-Vorganges wegen Verdacht der Spionage bitten wir Sie, zu nachstehend aufgeführten Zeiten und Bereichen in der DDR die bestandenen Witterungsbedingungen und Sichtmöglichkeiten zu ermitteln.

04.02.78	Berlin	07.05.78	Neubrandenburg
11.02.78	Saalfeld, Ilmenau, Weimar	08.05.78	Karl-Marx-Stadt
		09.05.78	Berlin
19.02.78	Saalfeld	10.05.78	Brandenburg
04./05.03.78	Saalfeld, Gera, Jena	10./11.06.78	Karl-Marx-Stadt
18./19.03.78	Saalfeld	14.07.78	Neuhaus/Rennweg, Schönebeck/Elbe
01./02.04.78	Saalfeld		
08./09.04.78	Berlin, Quedlinburg	15./16.07.78	Karl-Marx-Stadt, Saalfeld
02.05.78	Weimar		
03.05.78	Arnstadt	05.08.78	Saalfeld
04.05.78	Saalfeld	12./13.08.78	Dresden
05.05.78	Magdeburg	09.09.78	Zittau, Freiberg, Schönebeck/Elbe, Leipzig
06.05.78	Berlin		
		22.09.78	Magdeburg, Gera

Geforderte Witterungsbedingungen und Sichtverhältnisse werden benötigt zur weiteren operativen Wertung des Hobbys Eisenbahnfotografie im Rahmen der Vorgangsbearbeitung.

BStU
000248

- 2 -

Gleichzeitig bitten wir, zu allen Tagesangaben die Witterungsbedingungen des Bezirkes Gera zu ermitteln.

Wir bitten um baldige Erledigung.

Leiter der Abteilung XIX

Spors
OSL

Am 20. Oktober 1978 ging von der Abteilung XIX ein Auskunftsersuchen an die Abteilung VII: man bat um die Ermittlung der Witterungs- und Sichtbedingungen. Wie man sieht , schien nicht immer die Sonne. Am 11. Februar 1978 war es in Steinach winterlich trüb, als eine 95er nach Lauscha bergauf durch den Ort donnert. Die Sichtweite, so die Abt. VII, betrug örtlich unter 50 Meter.
Am 15. Juli 1978 war es in Saalfeld so dunkel, daß wir eine »Einkaufstour« veranstalteten. Der Wetterbericht nannte das »Stark bewölkt, kaum Sonnenschein«. Typisch die mausgrauen Häuser, denen nur durch die Beflaggung etwas Farbe verliehen wird.
Am 2. April 1978 herrschte lt. Wetterbericht »durchgehend Nebel«. Daß dennoch mitunter stimmungsvolle Fotos möglich sind, zeigt eine bei Gräfenthal bergwärts fahrende 95er. Fotos: Burkhard Wollny

Die Einfahrt von Lauscha zierte am 15.7.78 ein altes Jüdel-Flügelsignal. Auch zu diesem Bild gibt es den Wetterbericht als Extra-Service: stark bewölkt, kaum Sonnenschein, kein Niederschlag, sehr gute Sichtverhältnisse – Stimmt!
Foto: Burkhard Wollny

Da die angefragten Genossen prompt reagierten, ist es uns dankenswerterweise noch heute möglich, genauestens darüber Auskunft zu erhalten, wie am 18./19. März 1978 das Wetter in Saalfeld war. Und so können wir den Bildunterschriften zu diesen Fotos den jeweiligen amtlichen Wetterbericht hinzufügen – welch ein Service.

So neigte sich also wieder ein Jahr langsam seinem Ende entgegen und es wurde Zeit, wieder einmal Bilanz zu ziehen. In der Sprache der Staatssicherheit hieß das »Zwischenbericht«, womit also noch vor dem ersten inhaltlichen Wort geklärt war, daß der Vorgang noch längst nicht am Ende angelangt war. Ganz beiläufig erfahren wir aus diesem Zwischenbericht eine Fülle von Informationen, von denen mir bis heute nicht klar ist, was die Ermittler damit jemals hätten anfangen können. Auch wenn der Bericht durchaus in der Lage ist, die Leselust selbst des willigsten Betrachters erlahmen zu lassen, sei er im folgenden abgedruckt:

BStU
000033

Bezirksverwaltung Potsdam
Abteilung XIX

Potsdam, 23. 10. 78
an-ml

- Arbeit zur Durchsetzung strafrechtlich relevanter Verhaltensweisen stärker entwickeln.
- Indizien-Sammlung intensiv aus der Analyse der Einreisen u. der Feststellungen durch die Kontrollmaßnahmen.

Z w i s c h e n b e r i c h t

zum OV "Fotograf", Reg.-Nr. IV/635/78

Am 16. 05. 1978 wurde der OV "Fotograf" eröffnet.
Die operative Vorgangsbearbeitung wird zum Nachweis der Verletzung des § 97, Abs. 2, StGB geführt.

Zu diesem Zeitpunkt lagen aus der Analyse einer vorausgegangenen OPK zu den Personen Wollny, Schlipf, Franz, Müller, Kuom und Risch (Bürger der BRD und WB, weitere Personalien bekannt) operativ relevante und überprüfte Hinweise vor, die den Verdacht zum Inhalt haben, daß dieser Personenkreis unter Nutzung des Eisenbahn-Hobbys bzw. nutzend als Legende in einer immensen Häufigkeit in die DDR einreist und durch Auftreten im Bereich des Verkehrswesens und an militärischen Objekten vermutlich Spionage betreibt.

Mit der Vorgangsanlage erfolgte aufgrund des großen Aktionsradius der in die Bearbeitung einbezogenen WD- und WB-Personen auf dem Territorium der DDR das abgestimmte und entsprechend der Zielstellung der Vorgangsarbeit ausgerichtete Vorgehen mit der HA XIX/III. In periodischen Abständen erfolgte zum Stand und den weiteren Zielstellungen die kollektive Beratung mit dem Leiter der HA XIX sowie mit dem Stellvertreter Operativ der BV Potsdam.

Ausgehend von den derzeit vorliegenden Erkenntnissen ist einzuschätzen, daß der weiteren vorgangsmäßigen Bearbeitung in der Diensteinheit eine zentrale Stellung zukommt. Mit dem op. Eindringen in den erfaßten Personenkreis ist der aktive Nachweis zu führen, daß sich westliche Geheimdienste oder Organisationen unter Nutzung legaler Möglichkeiten des Eisenbahnhobbys zur Führung ihrer subversiven Tätigkeit bedienen.

Mit der Anlage des Operativen Vorganges wurden folgende Hauptzielstellungen festgelegt:

1. Die Erarbeitung weitergehender operativer Erkenntnisse beim Wirksamwerden des gesamten Personenkreises in der DDR, insbesondere zur Zerstörung der möglichen Legende "Eisenbahnhobby", sowie Herausarbeitung von Handlungen gemäß § 97 StGB und deren Dokumentierung.

BStU
000034

2. Tiefgründige Aufklärung bedeutsamer Kontaktpartner (DDR) zu den erfaßten Personen mit der Hauptrichtung der Herausarbeitung - Kontaktpartner stellen Unterquellen dar.

3. Gestaltung eines aktiven IM-Einsatzes an DDR-Kontaktpartner zum Eindringen in deren Verbindungen in die BRD bzw. WB.

4. Führung analytischer Tätigkeit zur Herausarbeitung neuralgischer Bereiche, sich wiederholender Angriffsobjekte usw. zur Unterstützung der operativen Prozesse.

Dieser Zielstellung Rechnung tragend, wurden konkretisierende Aufgabenstellungen aus den Beratungen mit der HA XIX laufend in den Bearbeitungsprozeß eingeführt.

Im wesentlichen handelte es sich um:

1. Maßnahmen zur verstärkten Einbeziehung der HA VI und HA VIII bei der Lösung von B-Aufgaben auf dem Territorium der DDR sowie der Aufklärung des erfaßten Personenkreises in der BRD und WB.

2. Die Konzentration der Bearbeitungsprozesse auf die Personen Schlipf, Wollny und Kuom unter gleichzeitiger Beibehaltung der Aufgabenlösung zu den anderen Personen.

3. Die Gewährleistung einer aktiven Fahndungstätigkeit durch Einbeziehung von Kräften der Transportpolizei der Linie II in den Zielbereichen der erfaßten Personen innerhalb der DDR.

4. Die Stabilisierung der IM-Arbeit als eine wesentliche Seite des Eindringens in diesen Personenkreis durch Schaffung weiterer IM aus dem Bestand der DDR-Kontaktpartner.

Aufbauend auf die Hauptzielstellung der vorgangsmäßigen Bearbeitung, ihrer weiteren Konkretisierung und der sich daraus ableitenden Maßnahmen im Operativplan weist die Bearbeitung des Operativvorganges "Fotograf" in seiner ersten Etappe folgende Ergebnisse aus.

1.
Ergebnisse aus der Reiseanalyse, der Aufklärung der erfaßten Personen im Operationsgebiet, den auf dem DDR-Territorium geführten B-Maßnahmen sowie anderer op. relevanter Verhaltensweisen unter Zugrundelegung eingeleiteter Maßnahmen mit der Linie II und XIX/Trapo

Die Analyse zum Reiseverkehr wurde in der 1. Etappe der vorgangsmäßigen Bearbeitung vornehmlich dazu geführt, um aus ihrer Darstellung und der vergleichenden Einschätzung auf Wiederholbarkeiten, Überschneidungsprobleme, Gegenüberstellungen zwischen geplanten und tatsächlichen Reisen, Häufigkeiten von Reisezielen usw. zu stoßen, deren Ergebnisse unmittelbar in die Arbeit einzufließen hatten.

Zur Reiseintensität in die DDR konnte herausgearbeitet werden, daß bei den Personen Franz, Wollny, Kuom und Müller von 1975 bis 1978 der größte Anteil durchgeführter Reisen - von 135 Reisen (Franz) bis 81 Reisen (Müller) - zu verzeichnen ist. Als besonders reiseintensiv zeigen sich hierbei wiederum die Personen Franz und Wollny, wobei Franz seit dem Jahre 1976 kontinuierlich mit einer Überschreitung der zulässigen Reisetage in Erscheinung tritt (1976 - 36 Tage, 1977 - 48 Tage und 1978 - 36 Tage). Bei allen anderen Personen ist gegenüber den Vorjahren zum Jahr 1978 eine rückläufige Tendenz in den durchgeführten Reisen erkennbar. Eine Ausnahme bildete dabei der Schlipf, der erstmals 1978 mit 17 Einreisen in Erscheinung trat.

Durch den immensen Kontaktpartnerkreis des Franz gehen die Antragstellungen durch derartige Personen um ein vieles seiner eigenen hinaus (z.B. 1977/eigene Antragstellungen 20 Tage - durch DDR-Kontaktpartner 137 Tage, 1978/eigene Antragstellungen 35 Tage - durch DDR-Kontaktpartner 136 Tage). Eine Wahrnehmung dieser Antragstellungen erfolgt für einen Beantragungszeitraum von einem Monat meistens nur für 2 - 5 Tage. Hier zeigen sich bei Franz deutliche Überschneidungsprobleme zwischen Antragstellungen einzelner DDR-Kontaktpartner und seinen Touristenanträgen, die dann in den meisten Fällen nur als Anträge verbleiben.
Bis Mitte des Jahres 1978 trat bei Einreisen häufig der Wollny als Mitreisender in Erscheinung. Massiert trat diese Reisetätigkeit 1976 und 1977 auf.
Seit Mitte des Jahres ist aus der Analyse erkennbar, daß gemeinsame DDR-Fahrten Wollny und Schlipf unternahmen.
Die zu diesen Personen festgestellten Aktivitäten weisen aus, daß Wollny häufig gestellte Anträge nicht realisiert (besonders zu den gestellten Reiseterminen), Schlipf dagegen seinen Antrag im wesentlichen von der Zeit her realisierte. Im Zusammenhang mit den Fahrten der erstgenannten Personen traten der Kuom, Müller und Risch auf.

Bei allen Personen ist von den Aussagen in der Güst-Passage bis heute durchgängig das Problem "Eisenbahnhobby" vertreten worden und findet auch weiterhin seine Unterstützung mit Vorzeigen bzw. deutlicher Ablage von Fototechnik in den Pkw's. Die von ihnen angelaufenen bzw. aufgesuchten 94 Orte der DDR liegen im wesentlichen im südlichen Teil unserer Republik, wobei eine deutliche Konzentration auf die Bereich um Dresden, Karl-Marx-Stadt, Aue, Saalfeld, Arnstadt, Jena und Berlin erkennbar ist.
Seit Aufnahme der operativen Bearbeitung dieses Personenkreises wurden insgesamt 29 Pkw festgestellt, die einzeln, in Gruppen bzw. in wechselseitiger Benutzung gefahren werden. Von dem benutzten Kfz.-Park sind 15 Fahrzeuge aus der BRD, im wesentlichen aus dem Zulassungsbereich Stuttgart, alle anderen Fahrzeuge entfallen auf die Zulassung von Berlin (West). Auch bei der Benutzung von Fahrzeugen treten der Franz und Wollny mit jeweils 11 Fahrzeugen vor den anderen hervor.

Wie aus der bisherigen Analyse der Reisetätigkeit hervorgeht, zeichnen sich für die Monate von Oktober, November bis Februar der Jahre 1976 und 1977 nur sehr geringfügige bzw. keine Reisen ab. Diese Situation ist auch für 1978/79 zu erwarten.

Erkennbar wird, daß monatlich 1 x die DDR bereist wird. Hierbei treten vornehmlich Franz, Wollny und Kuom in Erscheinung. Die Bereisung monatlich beläuft sich im wesentlichen auf 1 - 3 Tage.

Die Erkenntnisse zusammenfassend, aus der bisherigen Analyse der Reisetätigkeit ist einzuschätzen, daß eine bestimmte Anzahl von Reisen in die DDR dazu genutzt wird, um Hobbyinteressen zu realisieren (z.B. Teilnahme an Hobbyfahrten, Feststellen in Bereichen mit Dampfloks). Diesem steht derzeitig das operative Verhalten auf dem Boden der DDR, die Benutzung vieler Fahrzeuge, die umfangreiche Film- und Fototechnik und das sehr häufige Auftreten an Wochentagen entgegen (Franz z.B. 1978 11 x in 5 Monaten).
Ausgehend von den vorliegenden Erkenntnissen muß dieses Verhalten als Legende weiterhin gewertet und in die weitere vorgangsmäßige Bearbeitung einbezogen werden.

Im Zusammenhang mit den vorliegenden Erkenntnissen aus der Analyse der Reisetätigkeit wurden B-Maßnahmen und mit 01. 09. 78, gleichlaufend damit, Fahndungsmaßnahmen durch die Abt. VIII, II und XIX in den Bezirken unter Einbeziehung der VP Trapo geführt.

Seit Vorgangseröffnung wurden durch die Abteilungen VIII insgesamt 16 Beobachtungen auf der Transitstrecke wie auch im Inland (DDR) gefahren.
Bei den auf der Transitstrecke gefahrenen Beobachtungen konnten keine wesentlichen operativ bedeutsamen Feststellungen, bis auf das Fahren übermäßig hoher Geschwindigkeiten (160 km/h und darüberhinaus), getroffen werden. Die Inlandbeobachtungen sagen dagegen aus:

- häufiger Geschwindigkeitswechsel zwischen 50 und 100 km/h,
- häufige Kontrolle durch den Rückspiegel,
- häufiges Umdrehen des Beifahrers,
- studieren des Personenverkehrs,
- aufmerksames Betrachten der nachfolgenden bzw. entgegenkommenden Fahrzeuge,
- zielstrebiges Aufsuchen von Objekten der DR,
- trotz ungünstiger Witterungs- und Straßenverhältnisse fahren höherer Geschwindigkeiten,
- Anzeigen des Wechselns der Fahrtrichtung und dann Beibehaltung der alten Fahrtrichtung,
- nutzen von Fahrstrecken, die laut Angaben der Abt. VIII als Kontrollschleifen zu bewerten sind,
- kein Interesse für vorhandene Dampflokomotiven, dafür starkes Augenmerk auf Personenbewegung,

- tragen von Kleidung, die sich einem Arbeitsmilieu angleicht,
- Auftreten mit dunklen Beuteln, in denen im wesentlichen Fotoausrüstung getragen wird,
- keine Kontaktsuche.

Die entsprechend den Zielorten laut Antragstellung in den einzelnen Bereichen der Linien XIX eingeleiteten Fahndungsmaßnahmen (seit Beginn dieser Maßnahme 13 x) zeigen vom Ergebnis bisher kein Antreffen der voravisierten Fahrzeuge in den Zielbereichen.

Aus der Analyse zur Reisetätigkeit, den Feststellungen durch B-Maßnahmen sowie dem Nichtantreffen in den angegebenen Zielorten ist schlußfolgernd abzuleiten, daß das Verhalten in der DDR in bestimmter Weise konspirativ gestaltet wird und gleichzeitig damit durch die Angabe von Zielorten und dem Anlaufen möglicher anderer Orte der Verschleierung, der Unterwanderung von Maßnahmen dient, sofern sie durch ihr Auftreten bekannt wurden.

In diesem Zeitraum war es trotz mehrerer aufeinander abgestimmter Maßnahmen nicht möglich, weitere op. Anfälle an militärischen Bereichen sichtbar zu machen und zu dokumentieren. Die bereits zu den B-Maßnahmen dargestellten Verhaltensweisen waren teilweise Gründe dafür, daß die angelaufenen op. Maßnahmen nicht weitergeführt werden konnten, um eine Dekonspiration zu verhindern. Zu aktuellen op. Anfällen an oder in der Nähe militärischer Objekte gibt es zur Zeit keine objektive Aussage, daß der Aufenthalt an den tangierenden Strecken wegen der Objekte genommen wurde. Es wurden keine dem Hobby zuwi-derlaufenden Handlungen registriert.

2.
Ergebnisse zum bisherigen Stand der Aufklärung und Bearbeitung der DDR-Kontaktpartner

Entsprechend der Hauptzielstellung der vorgangsmäßigen Bearbeitung bestand das Anliegen mit Eröffnung des OV darin, die Kontaktpartner der 6 erfaßten Personen aufzuklären, Aktivitäten zur Nutzung bzw. op. Bearbeitung einzuleiten, um über op. geeignete Personen in den Kreis der Verdächtigen einzudringen.

Im bisherigen Bearbeitungsprozeß konnten insgesamt 18 DDR-Personen als Partner bekanntgemacht werden. Bis auf eine Person haben alle anderen ihren Wohnsitz im südlichen Teil der DDR. Von den bis jetzt vorliegenden Arbeitsergebnissen kann in keinem Fall auf einen Verwandtschaftsgrad der Verdächtigen zu den DDR-Bürgern geschlossen werden. Von dem genannten Kreis der DDR-

Kontaktpartner traten trotz Nichtvorhandensein verwandtschaftlicher Bindungen 9 Personen als Antragsteller für längere Zeiträume auf. Besonders massiert zeichnet sich hierbei die Antragstellung seitens des Männel ab. (1977 - 3 x für ca. 30 Tage für Franz; 1978 - 3 x für ca. 20 Tage für Kuom, Risch und Wollny)
Weigel trat zum erfaßten Personenkreis 1977 - 1 x für Franz, 1978 - 1 x für Franz in Erscheinung.

Deutlicher konnte die bisherige Verbindungsstruktur dargestellt werden, es wird erkennbar, daß der Franz zu 12 von 18 Partnern persönlichen Kontakt unterhält, daß der Müller zu keinem dieser DDR-Kontaktpartner in näherer Beziehung steht und alle anderen Personen zwischen 1 - 4 Kontaktpartner aus gemeinsamen- bzw. Einzelreisen kennen.

Nach den bisherigen Übersichten liegen Erkenntnisse darüber vor, daß von den 18 festgestellten Partnern 8 DDR-Personen sich mit dem Hobby Eisenbahn beschäftigen, wobei das Arrangement unterschiedlich aktiv ausgeprägt ist.

Zur Durchsetzung der Zielstellung wurden unter aktiver Einflußnahme der HA XIX in den BV'n Karl-Marx-Stadt, Dresden, Erfurt, Suhl, Leipzig und Halle Prozesse der aktiven operativen Aufklärung und Bearbeitung eingeleitet.
Im Ergebnis dieser Maßnahmen kann zum derzeitigen Zeitpunkt eingeschätzt werden:

- in den Abteilungen XIX Leipzig, Halle und Suhl zeigen sich günstige Ansatzpunkte, indem auf der Grundlage vorliegender Aufklärungsergebnisse Ausgangspositionen geschaffen wurden, um über die Schaffung von inoffiziellen Quellen aktiv mit den Verdächtigen bzw. den DDR-Kontaktpartnern in Verbindung zu kommen.
- daß die Aufklärungsergebnisse zu den anderen DDR-Kontaktpartnern derzeitig noch keine endgültigen Wertungen über deren Verwendtbarkeit im Rahmen der op. Vorgangsbearbeitung zulassen.
- daß die vorliegenden Aufklärungsergebnisse der DDR-Kontaktpartner keinerlei Hinweise auf Aktivitäten einer staatsfeindlichen Tätigkeit zum Inhalt haben sowie derzeit keine Hinweise dafür vorliegen, daß die DDR-Kontaktpartner als Unterquellen der Verdächtigen auftreten.

3.
Ergebnisse des IM-Einsatzes in bezug auf DDR-Kontaktpartner

Gemäß der Aufgabenstellung des Operativplanes zum OV bestand das Ziel in der Arbeit mit dem vorhandenen IMV "Kleinbahn" darin, über das festgelegte legendierte Vorgehen zu dem Kontaktpartner [redacted] einen persönlichen und stabilen, ausbaufähigen Kontakt herzustellen.

BStU
000039

Die angestrebte Zielstellung, wie vorgenannt, konnte im wesentlichen erreicht werden. Über den Weg der Einführung hat sich bis zum heutigen Zeitpunkt ein auf der - Du-Basis - zu [redacted] und Ehefrau stehendes Verhältnis herausgebildet. Tragendes Moment ist dabei das Hobbyinteresse des IMV und ähnlich gelagerter Hobbyinteressen des [redacted]
Innerhalb mehrerer Kontakte konnte auf Westbekanntschaft geschlossen werden und auch in einem Falle der, der HA XIX/III bekannte, [redacted] im persönlichen Kontakt durch den IMV abgeschöpft werden. Durch den Einsatz des IMV konnte auch im wesentlichen der weitergehenden Zielstellung der Aufklärung des Ehepaares [redacted] entsprochen werden. Besonders durch einen der letzten IMV-Einsätze wurde, was die Fragen der op. Nutzbarkeit betrifft, die Einschätzung gewonnen, daß seitens der [redacted] eine starke Abhängigkeit von Westpartnern besteht. Insbesondere zeigen sich hierbei Probleme der persönlichen Bedürfnisbefriedigung.

Mit dem Einsatz konnte bisher noch nicht erreicht werden, daß seitens des Ehepaares [redacted] Hinweise zu dem erfaßten Personenkreis gemacht wurden, aus denen sich weitere Ansatzpunkte für das Wirken des IMV ergeben.

Ein im gleichen Zusammenhang befindlicher Kontaktaufbau seitens des IMV zu dem Kontaktpartner [redacted] zeigt auf postalischem Wege eine nur relative Stabilisierung. Trotz Bekanntsein von Verbindungen des [redacted] zu der erfaßten Person [redacted] wurde diese seitens des [redacted] gegenüber dem IM nicht preisgegeben.

Die durch die Abteilungen XIX zu den DDR-Kontaktpartnern eingesetzten IM hatten bisher noch nicht zum Ergebnis, mit den im Vorgang erfaßten Personen in Kontakt zu kommen.

Überprüfungen seitens der HA XIX/III zu geeigneten IM für die aktive Einführung in den Bearbeitungsprozeß wurden insbesondere zu den IM "Mario" und "Ullmann" eingeleitet und stehen für einen Einsatz in der weitergehenden Bearbeitungsetappe zur Verfügung.

4.
Politisch-operative und strafrechtliche Einschätzung des bisherigen Standes der Bearbeitung des OV "Fotograf":

Ausgehend von den neuesten Erkenntnissen des MfS bei der Liquidierung von Reisespionen ist aus der Analyse des bisherigen Bearbeitungsstandes des OV abzuleiten, daß die Verdächtigen ihre aktive Reisetätigkeit in die DDR unter dem echt wirkenden Vorwand Hobbyeisenbahner realisieren, und dabei durch einzelne noch nicht konkret bestimmbare Personen dieses Handeln für eine vermutlich subversive Tätigkeit genutzt wird.

BStU
000040

Für diese Einschätzung sprechen im wesentlichen folgende operative Fakten:

.. Antreffen von Verdächtigen an Bahnlinien, die an militärischen Objekten tangieren,

.. Durch B-Maßnahmen festgestelltes stark sicherndes und kontrollierendes Verhalten,

.. Darstellung von Angaben in der Güstpassage, die mit dem tatsächlichen Geschehen nicht übereinstimmen,

.. Schaffung zahlreicher Kontaktpartner, von denen nur ca. 50 - 60 % Hobbyinteressen erkennen lassen,

.. aktive Dokumentierung des Hobbys in der Grenzpassage durch Darstellen umfangreicher Fototechnik und persönliches Verweisen auf dieses Hobby,

.. über die Maße normaler Formen des Bekanntseins dieses Hobbys in den Wohngebieten der BRD-Personen verbreitet (Wertungen der Abt. VIII),

.. starke Reisetätigkeit in die DDR, die zwischen Anträgen und deren Realisierung erheblich widersprüchsvoll ist, vielmals nicht an die angegebenen Zielorte führt und entsprechend dem vorgegebenen Hobby aussagefähige Veranstaltungen des Modellbahnverbandes nicht bzw. nur ungenügend berücksichtigt,

.. Lebensverhältnisse der Verdächtigen, die von guten bürgerlichen Verhältnissen bis zu teilweise asozialen Verhältnissen führen.

Aus der Analyse treffen wesentliche dieser Seiten vor allem auf die Personen Franz, Wollny und Schlipf zu.
Die von diesem Personenkreis vorgetragenen Aktivitäten belaufen sich derzeit auf die Südbezirke der DDR, wobei von der Lokalisierung der vornehmlich benutzten Örtlichkeiten (basierend auf Angaben aus der Reiseanalyse) die Bezirke Erfurt, Karl-Marx-Stadt und Dresden in Betracht kommen. Die für diese Bezirke gestellten Anträge beziehen sich auf die Orte Saalfeld, Jena, Aue, Karl-Marx-Stadt, Dresden. Ausgehend von Teilbeobachtungen kann die Einschätzung getroffen werden, daß mit diesen Reisezielen der Süden der DDR in seiner Gesamtbreite von den Verdächtigen bereist wird und sich ihnen hier ein hohes Informationsaufkommen, ökonomisch, militärisch, aber auch vom Hobby her, darstellt.

Bezug nehmend auf die bisherige Bearbeitungsetappe sind die erkennbaren Aktivitäten der Verdächtigen für das weitere Wirken des MfS von politisch-operativer Bedeutung und bedürfen im Verlaufe der folgenden Etappe der Realisierung und Konkretisierung, insbesondere solcher Prozesse wie:

- die Gestaltung der IM-Arbeit in ihrer gesamten Breite,
- die Nutzung der Kontaktpartner als IM bei der offensiven Aufklärung der Verdächtigen, ihrer Ziele und Absichten,

BStU
000041

- 9 -

- der lückenlosen op. Kontroll- und Beobachtungsprozesse auf dem Territorium der DDR zum Nachweis des Unterlaufens dargestellter Reiseabsichten.

Ausgehend vom bisherigen Bearbeitungsstand konnten bisher gemäß § 97 StGB noch keine Beweise erarbeitet werden, die bereits eine Verletzung der objektiven Seite dieses Tatbestandes darstellen. Die im OV vorliegenden operativen Anfälle zum Auftret-en der Verdächtigen an und in der Nähe von militärischen Objekten stellen Indizien dar, die aber zur Zeit noch nicht geeignet sind, die um die Verdächtigen aufgebaute Legende "Eisenbahnfreunde" zu zerstören.

Auf dem Stand der bisherigen Bearbeitung aufbauend, ergeben sich folgende Schlußfolgerungen:

1. Die zur Vorgangsanlage vorliegenden Verdachtsmomente konnten im bisherigen Bearbeitungsprozeß nicht entkräftet werden, eine teilweise Untermauerung ergibt sich aus der analytischen Tätigkeit.

2. Für die Führung der pol.-op. Bearbeitung des Vorganges sind die Ausbleibezeiten der Verdächtigen in den Monaten Oktober bis Februar, insbesondere für vorbereitende Maßnahmen bei den DDR-Kontaktpartnern im verstärkten Maße zu nutzen. Die einzuleitenden M-aßnahmen haben darauf abzuzielen, solche Voraussetzungen zu schaffen, die eine Bindung der Verdächtigen am Kontaktpartner ermöglichen und damit der Erwartungsbeobachtungen stärker Rechnung tragen.

3. Die in den Bezirken Leipzig, Halle und Suhl geschaffenen Voraussetzungen sind aktiv voranzubringen, daß sie ausnahmslos solchen Maßnahmen wie unter Punkt 2 dienen.

4. Der zum Einsatz gebrachte IM "Kleinbahn" ist umgehend für die Vorgangsbearbeitung so vorzubereiten, daß der Aktionsradius auf andere Kontaktpartner ausgedehnt werden kann. Unmittelbar ist der Erarbeitung von Einsatzkonzeptionen für die IM "Mario" und "Ullmann" für deren Einsatz an DDR-Kontaktpartnern Rechnung zu tragen.

5. Die Reiseanalyse unter aktiven Einfluß operativer Fakten ist zum tragenden Bestand bei der Vorgangsbearbeitung zu machen und hat für die Forcierung der IM-Arbeit, der Arbeit mit den Kontaktpartner, der Leitung von B-Maßnahmen u.a. op. Aufgaben im Mittelpunkt zu stehen.

6. Die durch die Abt. VIII vorliegenden Ergebnisse der Aufklärung bzw. noch auszuwertenden Ergebnisse zu den Verdächtigen haben die Grundlage weitergehender Arbeit für die Arbeit im Operationsgebiet zu bilden.

BStU
000042

- 10 -

7. Aus der Realisierung von Einzelmaßnahmen der vorgangsmäßigen Bearbeitung ergibt sich die Erstellung eines für die nächste Etappe verbindlichen Operativplanes.

Bestätigt:

Leiter der Abteilung XIX

Ansorge
Hptm.

27/10.78

Spors
OSL

Nach diesem umfangreichen Bericht ist unser »Eisenbahnhobby« für die Ermittler ein »Problem«. Drei Jahre mußten sie ermitteln, um zu dieser Erkenntnis zu gelangen. Wahrscheinlich dauerte dies deshalb so lang, weil zunächst herausgefunden werden mußte, daß nur »eine bestimmte Anzahl von Reisen in die DDR dazu genutzt wird, um Hobbyinteressen zu realisieren.« Insgesamt war dieser Bericht für uns wenig schmeichelhaft und vor allem die Aussage, daß unsere Lebensverhältnisse von »guten bürgerlichen Verhältnissen bis zu teilweise asozialen Verhältnissen führen« grenzt an persönliche Verunglimpfung.
Immerhin: Eine objektive Verletzung des § 97 StGB konnte (noch) nicht bewiesen werden.
Soweit also der Zwischenbericht des Jahres 1978. Daß daraus natürlich wieder ein »Operativplan« erwachsen sollte, versteht sich von selbst. Doch zuvor fand einmal mehr eine Beratung zum OV »Fotograf« bei der HA XIX in Potsdam statt, über die Hauptmann Ansorge einen Vermerk für die Akte erstellte.

Einmal ganz legal fotografieren – am 11. Juni 1978 wurde der Wunsch Wirklichkeit. Der DMV führte eine Sonderfahrt mit zwei IV K-Lokomotiven von Wolkenstein nach Jöhstadt durch. Foto: Karsten Risch

Auch das gehört zur Dampflok: Vor anstrengender Bergfahrt hat die 99 1606 in Wolkenstein ihren Kohlenvorrat ergänzt und wird vom Personal für die Fahrt vorbereitet. Typisch für eine Kleinbahn ist die Bekohlung des Tenders mittels eines Förderbandes.
Fotos: Burkhard Wollny

Im Grunde sagt dieses Papier nichts Neues aus. Lediglich ein Hinweis unter Punkt 2. ist interessant: »Das gegenwärtige Ergebnis der IM-Arbeit ist noch zu schwach«. Hier war also Verbesserungsbedarf. Dessen eingedenk nahm sich Hauptmann Ansorge der Pflege der IM-Arbeit in der Folge persönlich an. Gemeinsam mit dem Genossen Hauptmann Werner von der Leipziger Abteilung XIX des MfS besuchte er am 1. November 1978 den IM »Bischoff« in seiner Wohnung in Markkleeberg bei Leipzig.

Das zweistündige Gespräch in »Bischoffs« Wohnzimmer war so geheim, daß sogar die Ehefrau des IM über den wahren Inhalt der Unterredung im unklaren gelassen wurde:

»Gegenüber seiner Ehefrau legendierte Bischoff das Erscheinen der Mitarbeiter als eine Befragung zu Problemen des Wohngebietes durch Vertreter der örtlichen Parteiorgane ab. Vorkommnisse ergaben sich während des Gespräches nicht. Bischoff nahm zur aufgeworfenen Problemstellung Franz und Wollny in einer aufgeschlossenen Art und Weise Stellung.«

Der IM »Bischoff« war im wirklichen Leben ein entfernter Verwandter von S. Franz und wir übernachteten seinerzeit bei ihm anläßlich eines Besuches der Leipziger Messe.

Leipzig Hauptbahnhof. Hier trafen sich am 16.November 1978 in dem HO-Blumengeschäft die Herren vom MfS mit IM Bischoff!
Karsten Risch hingegen traf die sehr gepflegte 01 522, die von einer vorbeigehenden „Jugendbrigade" bestaunt wird.

BStU
000221

3

Über diesen Besuch liegt ein Foto aufgenommen durch den B. vor. Es zeigt wie F. neben seinem PKW steht. Das Pol.-Kennzeichen ist deutlich zu erkennen. (B. hat dieses Foto in sein Familienalbum geklebt und zeigte es während der Aussprache vor).

Bei der zweiten Übernachtung des F. im Jahre 1977 bei B. war er mit seinem Freund WOLLNY in der DDR. Als Begründung für die Mitnahme dieses Freundes gab er an, daß sein eigener PKW zu dieser Zeit defekt war und er deshalb zur Durchführung seines Hobbys und damit verbunden hinsichtlich ihrer Beweglichkeit mit dem PKW des W. in die DDR eingereist sind. An nähere Daten konnte sich B. nicht erinnern.

Anläßlich der genannten 2 Übernachtungen des F. bei B. kam es zwischen beiden ohne Beisein von Zeugen zu Gesprächen, die jeweils 1 Stunde andauernden. Dabei fragte B. den F. "mir ist es nicht ganz verständlich, daß Sie so viel in die DDR einreisen und hier viel herumfahren". Daraufhin entgegnete F., daß er einer Europäischen Arbeitsgruppe bzw. Arbeitsgemeinschaft angehört, welches sich mit der Fotographie von Eisenbahnen in ganz Europa beschäftigt. So finden zum Beispiel Treffen in Frankreich und in der Schweiz statt. Als Beweis dieser Zugehörigkeit zeigte er den B. einen Klappausweis (in der Größe einer Fahrerlaubnis der DDR), welcher gleichzeitig eine Sondergenehmigung zum Fotographieren von Eisenbahnanlagen beinhaltete. F. legte dar, daß die DDR die meisten alten Eisenbahnloks hat und sich aus diesem Grunde für die Durchführung seines Hobbys besonders gut eignet. Er selbst interessiere sich insbesondere für solche Eisenbahnanlagen wie z.B. Viadukte und Brückenbauwerke, wo Züge in zwei verschiedenen Ebenen zur gleichen Zeit übereinander verkehren bzw. sich kreuzen. Als Begründung dafür zeigte F. den B. einen Stoß von Fotographien. Zur Methodik führte er aus, daß er jeweils von mehreren Seiten versucht diese Aufnahmen zu machen, es aber jeweils längere Zeit in Anspruch nimmt bis jeweils 2 Züge sich kreuzen. Auf den vorgelegten Aufnahmen waren Bahnhöfe nicht zu sehen. Auf ein näheres Befragen des B. hin erklärte F., daß sich ein solches Brückenbauwerk bei der Bastei/Sächs. Schweiz sowie im Erzgebirge und Vogtland befindet. Er erwähnte in den Gesprächen weitere Orte, so u.a. auch Bautzen, ohne daß sie sich B. namentlich merkte. B. vermutet entsprechend den Äußerungen des F., daß dieser im Erzgebirge/Vogtland weitere Bekannte oder Verwandte wohnen hat, welche er öfters aufsucht. B. versicherte jedoch, daß sich die Aktivitäten des F. insbesondere auf den südlichen Teil der DDR beziehen. In diesem Zusammenhang erklärte F., daß er schon im Verkehrsmuseum Dresden sowie im Motorradmuseum Augustusburg (bei Karl-Marx-Stadt) war. Ansonsten würde F. keine spezifischen Eisenbahnmodellbau-Ausstellungen bzw. andere Verkehrsausstellungen besuchen.

Weiter äußerte F., daß er keinesfalls mit irgendwelchen Behörden der DDR bei seinen Aufenthalten zu tun haben will. Gleiches würde sich auch auf DDR-Bürger beziehen, welche er persönlich nicht kennt. Er betonte, "hoffentlich kommt es zu keinen Verkehrsunfall". (B. bemerkte, daß F. vielfach mit überhöhter Geschwindigkeit fahren würde).

BStU
000222

4

Bei den Gesprächen mit F. versuchte dieser Angaben zur politischen Stellung des B. in Erfahrung zu bringen. In dieser Richtung stellte er vorsichtige Fragen, wobei B. dabei seine staatsbejahende Haltung zur DDR zum Ausdruck brachte. Hierbei hatte B. den Eindruck, daß dann F. in seinem Auftreten, was sonst selbstsicher ist, unsicher wurde und versuchte selbst eine positiven Eindruck auf seinen Gesprächspartner zu hinterlassen. Eine eigene politische Meinungsäußerung tätigte F. nicht. So u.a. stellte der F. vorsichtig die Frage "sie können doch auch einmal in die BRD kommen". Worauf B. antwortete, daß er selbst in früheren Jahren NSW-Reisekader war und dortige Verhältnisse bereits kennengelernt hat. Danach wurdedas Thema nicht weiter geführt.

Zur Qualität der Fotographien:

Eingangs ist zu bemerken, daß es sich bei B. selbst um einen Hobby-Fotographen handelt, welcher zum Ausdruck brachte, daß er aus diesem Grunde auch die durch F. gezeigten Aufnahmen beurteilen könne. B. führte aus, daß jedes Foto des F. von der Qualität her veröffentlichungswürdig wäre. Selbst bei schlechten Wetterbedingungen holt er die fotographierten Objekte (Loks) gestochen scharf heran. Sogar kleinste Details der Lokomotiven waren zu erkennen. Nach Angabe des F. entwickelt er seine Aufnahmen selbst. Zur Durchführung seiner Aufnahmen benutzt F. eine japanischen Fotoapparat nebst vollständiger Ausrüstung einschließlich der verschiedensten Objektive.

Im Gespräch sagte F., daß er diese Fotos mit anderen Hobby-Freunden tauscht. Auf Befragen erklärte B., daß er nicht den Eindruck hatte, daß F. mit einem diesbezüglichen Verlag in Verbindung steht.

Zusammenfassend beurteilte B. den F. als einen Fanatiker, welche sich für Fotographien und Prospekte über Eisenbahnobjekte insbesondere Lokomotiven interessiert. Selbst von B. aus einer Artikelserie der NBI herausgeschnittene Motive interessierten F. Er nahm sie dankend mit. Demgegenüber hatte B. den Eindruck, daß der WOLLNY von dieser ganzen Angelegenheit gar keine Ahnung hat. Er begründete das damit, daß W. sich bei diesen Gesprächen völlig desinteressiert und nicht auskunftsfähig verhielt.

Sollte Franz eines Tages einmal den Wunsch verspüren, das Hobby Fotografieren zum Beruf machen zu wollen, dann sollte er diesen Bericht als Referenz benutzen – lobender kann man sich über die Qualität seiner Aufnahmen eigentlich nicht ausdrücken.

Die Behauptung »Bischoffs«, ich habe von der ganzen Angelegenheit (nämlich der Eisenbahn) gar keine Ahnung, möchte ich übrigens in aller Schärfe zurückweisen. Weshalb sich die MfS-Herren mit Bischoff am 16. November 1978 in einem HO-Blumengeschäft – natürlich stilgerecht im Leipziger Hbf – treffen wollten, ist heute nicht mehr zu ergründen. Möglich ist, daß die Ehefrau des »Bischoff« nicht weiter mit den Herren konfrontiert werden sollte. Schließlich noch ein Wort zum Schlußsatz: Unter der KW »Kurt« ist nichts anderes zu verstehen als eine konspirative Wohnung. Eingedenk der bereits erwähnten Möglichkeit, ggf. die erforderliche Technik zu beantragen, darf wohl angenommen werden, daß diese total verwanzt gewesen ist! Ob das Treffen mit »Bischoff« am 16. November tatsächlich stattgefunden hat, ist heute nicht mehr zu klären, sicher jedoch ist, daß Hauptmann Ansorge daran nicht teilgenommen haben kann, denn er war

Zusammenfassende Einschätzung:

1. Entsprechend den im OV "Fotograph" der Abt. XIX Potsdam erarbeiteten Erkenntnissen zur Person des FRANZ tätigte der B. bis auf das einmalige Schreiben eines Briefes an F. wahrheitsgemäße Angaben.
2. Die vorgenannten Informationen sind als operativ bedeutsam zu werten.
3. Mit Bischoff werden weitere Kontaktgespräche insbesondere zur Festigung des persönlichen Kontaktes durchgeführt. Bevor B. im Auftrage des MfS erste Aufträge im Rahmen des OV "Fotograph" erhält, (nach Einschätzung 2./3. Dezemberwoche 1978) wird durch Abt. XIX Leipzig Mitarbeiter Gen. Hptm. Zimmermann nach Erarbeitung des Vorschlages zur Wiederaufnahme der Verbindung das erneute Werbungsgespräch mit B. durchgeführt.

6

6

4. Zur weiteren op. Wertung der durch B. gegebenen Informationen und der sich daraus ergebenden Maßnahmen ist eine weitere Beratung zwischen der Abt. XIX Potsdam und Abt. XIX Leipzig notwendig. TK

Die nächste Zusammenkunft mit B. wurde für den 16.11.78, 14.30 Uhr Treffpunkt Leipzig/Hbf. - HO-Blumengeschäft - vereinbart. Es erfolgt dann Einführung in die KW "Kurt".

Werner
Werner
Hauptmann

am selben Tag mit dem Aufstellen des 2. Operativplanes beschäftigt.
Er kam darin zunächst zu dem Ergebnis, daß sich die Anlagegründe (also die Gründe zur Anlage der Akte!) als berechtigt darstellen, da die bis dahin durch die operativen Maßnahmen dokumentierten Auftretens- und Verhaltensweisen in vielen Teilen dem Auftreten von Personen mit nur Hobbyinteressen gegenüberstehen. Allerdings, so Ansorge, *»war es aber nicht möglich, weitergehende Hinweise über das 'Hobby' hinaus zu operativen Anfällen des erfaßten Personenkreises, auch durch einen Komplex aufeinander abgestimmter Maßnahmen, zu erbringen.«*
Daher sollte in der nächsten Bearbeitungsetappe die IM-Arbeit *»in ihrer gesamten Breite präzisiert und konkretisiert werden, in der Nutzung von DDR-Kontaktpartner zur offensiven Aufklärung von Motiven, Zielen und Absichten der Verdächtigen, in der Gestaltung einer optimalen Kontrolle und Beobachtung auf dem DDR-Territorium zum Nachweis der bewußten Unterwanderung dargestellter Reiseabsichten.«*
Und schließlich schlug er vor, zusätzlich zum Personenkreis Wollny und Schlipf auch »den Franz in die Führung aktiver operativer Maßnahmen aufzunehmen.« Als ob Franz bis dahin nicht schon operativ behandelt worden wäre…
Kurz vor Ende des Jahres gaben wir den Ermittlern zur Erfüllung dieser letztgenannten Aufgabe eine *Steilvorlage*, den just »der Franz« war es, der mich am 15. Dezember auf einer Reise nach Dresden begleitete. Und die Verfolger nahmen das Angebot dankend an.
Unser erstes Ziel sollte Dresden-Klotzsche sein. Gleich hinter der Autobahnabfahrt sah ich im Rückspiegel einen im Schritttempo aus einer Seitenstraße einbiegenden Lada. Da ich mich in Klotzsche noch nicht auskannte, fuhr ich langsam durch die Straßen. Der Lada tat desgleichen. Da war mir klar, daß wieder einmal ein „Schatten" folgte. Mit dem ausführlichen Beobachtungsbericht der Stasi kann der Leser eine Stadtrundfahrt durch Dresden unternehmen. Zu berücksichtigen ist dabei, daß einige Straßennamen nach der Wende geändert worden sind.

»Wolf und Affe« – Die näheren Erläuterungen zu diesen Bildern sind dem Beobachtungsbericht zu entnehmen, sie zeigen »den Wollny (Wolf)« und »den Franz (Affe)«.
Fotos: MfS, Archiv BStU

MINISTERRAT
DER DEUTSCHEN DEMOKRATISCHEN REPUBLIK
Ministerium für Staatssicherheit

BStU
000117

~~Hauptabteilung~~/Abteilung/~~Referat~~ VIII/AG 4a

Bezirksverwaltung/~~Verwaltung~~ Dresden

Sachbearbeiter Hartmann

Telefon VIII A 2022 138

Hauptabteilung/~~Abteilung~~ XIX ~~VIII/4 OGT~~ Dresden, 18. 12. 1978

Bezirksverwaltung/Verwaltung Gen. Kühn

Kreis-/Objektdienststelle
des Ministeriums für Staatssicherheit

Beobachtungsbericht

Betr. F.Nr. 233754

Wohnhaft PKW VW rot, amtl. Kennz. ES-ZP 755

Decknamen Reg.-Nr. des Auftragsersuchens B/203/78

Für die Zeit vom bis

10.55 verließ der o.g. PKW aus Richtung AB Abzweig Dresden-Hellerau kommend, die AB an der AB Abfahrt Dresden-Nord. Fuhr nach kurzem Zögern und anschließendem Wenden über Radeburger Str., E.-Hoernle-Str., K.-Liebknecht-Str. zum Klotzscher Weg, wo er ca. 100 m nach der Kurve anhielt. Der Beifahrer verließ den PKW und befragte sich bei einer älteren männlichen und weiblichen Person. Nach ca. 2 min setzte der PKW seine Fahrt fort über Moritzburger Weg zur Buchwitzstr. Auf dieser fuhr der PKW in Richtung Stadt, wobei er an zwei militärischen Objekten der Sowjetarmee vorbei fahren muß. In Höhe des Wehrkreiskommandos, HOG Lindengarten machte sich der Beifahrer Notizen. Weiterhin wurde festgestellt, daßsich der Beifahrer oft umdrehte und gezielt sich für den nachfolgenden Fahrzeugverkehr interessierte. Nach Erreichen der Ampelkreuzung Otto-Buchwitz-Weg fuhr das Fahrzeug weiter über Dammweg, F.-Wolf-Str. zum PP

11.12 Bahnhof Dresden-Neustadt, wo das Fahrzeug um abgeparkt wurde.

BStU
000118

- 2 -

Sofort verließen beide Personen das Fahrzeug und stellten sich in Blickrichtung zur Einfahrt des PP, so daß sie ankommende Fahrzeuge überblicken konnten. Nach kurzem Hantieren im Kofferraum begaben sich beide langsamen Schrittes durch den Eingang an der Post ins Bahnhofsgebäude. Im nachfolgenden Bericht erhält der Fahrer des PKW's den Decknamen "Wolf" und der Beifahrer den Decknamen "Affe".

"Affe" auf PP vor dem Neustädter Bahnhof auf dem Weg ins Bahnhofsgebäude.

Hier trennten sie sich. Während sich "Wolf" in dem an der Telefonzelle ausliegendem Telefonbuch für die Seiten 78/79 links unten interessierte (Reichbahninstitutionen und Modelleisenbahnverband), begab sich "Affe" zu dem sich im Bahnhof befindlichen Zeitungskiosk und betrachtete flüchtig die Auslage. Ohne weitere Handlungen zu tätigen, begaben sich beide Personen anschließend zum Ausgang an der Post, wo sie eine ältere weibliche Person befragten, die mit einem Arm in Richtung Platz der Einheit wies. Kurz darauf liefen beide männlichen Personen langsam und sich öfters umschauend über den Bahnhofsvorplatz zum Polstermöbelgeschäft und nach kurzem Verweilen auf die gegenüberliegende Straßenseite, wo sie um

.25 das Gebäude Antonstr. 21 betraten. In diesem befinden sich Institutionen der DR. Beide Personen begaben sich bis in die letzte Etage, wo sich die Abrechnungsstelle der DR befindet. Handlungen konnten nicht festgestellt werden. Kurz darauf verließen sie das Gebäude wieder und begaben sich in die im Hinterhof befindliche Buchhandlung, wo ihnen nicht gefolgt werden konnte.

.40 Verließen sie das Grundstück, wobei "Affe" ein grünes Heft, Format A5, mit weißem Aufdruck bei sich trug. Beide Personen begaben sich anschließend zielstrebig zum abgeparkten PKW, wobei sie sich für den sie umgebenden Personenverkehr interessierten. Während des beschriebenen Fußweges trug der "Affe" einen Fotoapparat mit sich, der sich aber ständig in der Hülle befand.

.45 wurde die Fahrt über Fr.-Wolf-Str., O.-Buchwitz-Str., Platz der Einheit, Dr.-Rudolf-Friedrich-Brücke, Schießgasse, Landhausstr., Augustusstr., Theaterpl., Terassenufer, Devrientstr., Am Zwingerteich, H.-Lindner-Str., Annenstr., H.-Beimler-Str., Ammonstr. zum HBf Dresden fortgesetzt. Hier wurde der PKW

.00 abgeparkt.
Auf dieser Fahrt schauten sie beide mehrmals um und interessierten sich stark für den nachfolgenden Fahrzeugverkehr.
Nachdem sie aus dem Kofferraum eine Reisetasche entnommen hatten und sie in den Wagenfond stellten, liefen sie, sich dabei mehrmals umschauend, über die Prager Str., Ammonstr. zur ~~DRD~~ RBD, die sie

.05 betraten.
Hier begaben sie sich zum Pförtner und es konnte gehört werden, wie "Wolf" und "Affe" sagte:
"Da können wir es nicht ändern, da müssen wir es verschieben."

Nach ca. 1 min verließen "Wolf" und "Affe" die Reichsbahndirektion, wobei "Wolf" seinen Hut in der Hand hielt.

Anschließend liefen beide, sich wiederum für ihre nähere Umgebung interessierend, den kürzesten Weg zu ihrem abgeparkten Fahrzeug am HBf.
Auf diesem Weg zog sich "Wolf" in Höhe der Dr.-Karl-Rüdrich-Str. seine Jacke aus und beide schauten sich mehrmals um.
Gegen

2.10 bestiegen "Wolf" und "Affe" den PKW und fuhren über die Wiener Str., Dr.-R.-Sorge-Str., Lingnerallee, Blüherstr., Bürgerwiese, Dr.-Külz-Ring, Wallstr. zum hierbefindlichen PP.

In Höhe des Ring-Cafe's nahm "Affe" die Sonnenblende herunter und schaute sich durch den Spiegel, der an dieser angebracht war, aufmerksam den nachfolgenden PKW und dessen Insassen an.
Nachdem sie auf dem o.g. PP eine Parkmöglichkeit gefunden hatten, entstiegen sie dem PKW und verschlossen diesen.
Danach liefen sie über die Wallstr., Dr.-Külz-Ring zum Fotogeschäft "Ilafot", welches sie

12.30 betraten.

Personenbeschreibung von "Wolf"

Alter:	30 - 35 Jahre
Größe:	170 - 175 cm
Statur:	schlank
Gesicht:	rund
Haare:	schwarz, kurz, strähnig
Bekleidung:	schwarzer Hut, breite Krempe dunkelblauer Anorak mit roten Ärmelstreifen, beige Strickjacke, schwarze Nadelkordhose, langer Schal
Besonderheiten:	starke Brille, dunkles Gestell

Personenbeschreibung von "Affe"

Alter:	30 - 35 Jahre
Größe:	173 - 178 cm
Statur:	schlank
Gesicht:	oval
Haare:	mittelblond, kurz, rechts gescheitelt, Oberlippen- und Kinnbart,
Bekleidung:	grüner Parker (Kutte) braune Nadelkordhose
Besonderheiten:	Fotoapparat in schwarzer Bereitschaftstasche.

12.35 verließen beide dieses wieder, wobei "Affe" zwei Pakete Fotopapier in der Größe A 2 unter dem Arm sowie zwei Päckschen Fotopapier in der Größe A 7 in der Hand hielt.

"Wolf" und "Affe" liefen dann weiter über den Altmarkt zum Schreibwarengeschäft auf der E.-Thälmann-Str., welches sie für kurze Zeit betraten.
Im Schreibwarengeschäft konnte gehört werden, wie "Wolf" zu "Affe" sagte:
"Du, das ist der falsche Laden. Wir müssen in den anderen."
Nachdem sie das Schreibwarengeschäft verlassen hatten, liefen sie zielstrebig zum Schreibwarengeschäft "Markant" auf der Schloßstr., welches sie

12.45 betraten.

In diesem kaufte "Wolf" einen Füller, ließ sich aber vorher die Schreibfeder auswechseln und probierte diesen aus.
"Wolf" bezahlte die Rechnung von 31,70 M mit einem 50,00 M-Schein.

12.55 verließen beide das o.g. Geschäft wieder, wobei sie sich unterhielten und das Wort "Modelleisenbahn" gehört werden konnte.
"Wolf" und "Affe" begaben sich anschließend über die Schloßstr., Altmarkt, wo sie sich kurze Zeit am Zeitungskiosk aufhielten, und weiter auf der Kreuzstr. zum hierbefindlichen Geschäft "Modelleisenbahn", welches sie

13.00 betraten.
Während sich "AFfe" in das Geschäft begab, verblieb "Wolf" im Vorraum und schaute sich interessiert die Auslagen des o.g. Geschäftes sowie den Passantenverkehr der Kreuzstr. an.
Nach ca. 2 min erschienen beide wieder und liefen zurück über die Kreuzstr., E.-Thälmann-Str. zum Postplatz/Ecke Wallstr., wo sich "Wolf" wieder auszog.
Hier begaben sie sich an den hierbefindlichen Zeitungskiosk für ca. 1 min.
Danach liefen sie weiter über die Wallstr. zum PP, wo sie das Fotopapier in ihrem PKW verstauten und diesen dann bestiegen.
Während ihres Einkaufes interessierten sie sich die ganze Zeit sehr für ihre nähere Umgebung.
"Wolf" und "Affe" fuhren über die Otto-Nuschke-Str., Budapester Str., Brücke der Jugend, W.-Ermer-Platz, wo sie sich auf einen Stadtplan orientierten. Sie fuhren dann weiter über die Löbtauer Str. zum Ambroßufer.
Hier hielten sie kurz an und "Wolf" entstieg dem PKW, öffnete den Kofferraum und entnahm diesem etwas. Danach begab er sich an die Beifahrertür zu "Affe", wo er sich kurz aufhielt.
Nach ca. 1 min bestieg er wieder den PKW und beide fuhren weiter über das Ambroßufer, Flügelweg, Kaditzer Brücke, Washingtonstr.
In Höhe des Militärobjekts der sowjetischen Streitkräfte verlangsamten sie ihre Geschwindigkeit. Nach passieren dieses, setzten sie ihre Fahrt in Richtung AB-Auffahrt Dresden-Neustadt fort. Am Rundell vor der Autobahnauffahrt

fuhren sie, unter Kontrolle des nachfolgenden Fahrzeugverkehrs, eine volle Runde und befuhren anschließend die AB-Auffahrt Dresden-Neustadt in Richtung Berlin/Bautzen gegen

12.25 "Wolf" und "Affe" fuhren dann weiter auf der AB.
Bis in Höhe der AB-Abfahrt Dresden-Nord fuhren sie eine Geschwindigkeit von ca. 70 km/h.
Bei dieser Fahrt passierten sie das Objekt der Bereitschaftspolizei sowie ein größeres Gelände der sowjetischen Streitkräfte.

Anschließend fuhren sie die AB in Richtung Berlin mit einer Geschwindigkeit von ca. 100 Km/h.

14.05 befuhren "Wolf" und "Affe" den PP der AB-Raststätte Freienhufen.
Beide verblieben in ihrem PKW und hantierten in diesem.

14.12 setzten sie ihre Fahrt in Richtung Berlin fort, wobei sie übergeben wurden an die Abt. VIII der BV Cottbus.

Anmerkung:
Während des Passierens der AB Thiendorf um
13.45 befand sich auf dem gegenüberliegenden AB PP in Richtung Dresden das MVM Fahrzeug Nr. 12 abgeparkt und die Insassen befanden sich im PKW. Handlungen konnten nicht festgestellt werden.

Einschätzung zur Beobachtung:

Aufgrund der Fahrweise und der Bewegung zu Fuß kann eingeschätzt werden, daß "Wolf" und "Affe" vom Stadtgebiet Dresden gute Ortskenntnis besaßen.

Beide Personen achteten seit Verlassen der AB zielgerichtet auf den sie umgebenden Fahrzeug- und Personenverkehr.

Dies kam u.a. bei der Ankunft auf dem PP Neustädter Bhf. zum Ausdruck, als beide sich sofort für die nachfolgenden PKW's interessierten. Bei ihren Fahrten im Stadtgebiet Dresden, welche als Kontrollhandlungen erkannt wurden, schaute "Wolf" ständig in die Rückspiegel, während "Affe" sich häufig umdrehte und nach hinten schaute.
Ebenso drehten sich beide bei ihrer Bewegung zu Fuß häufig um und musterten die sie umgebenden Personenbewegung, wobei "Affe" die Angewohnheit hatte, alle Personen in seiner näheren Umgebung anzulächeln.

Beim Aufsuchen von Verkaufsstellen interessierte sich ständig nur eine der männlichen Personen für die Auslagen, während die andere männliche Person zielgerichtet die Personenbewegung durch die Schaufensterscheiben beobachtete.

An militärischen Objekten fuhr "Wolf" langsamer.

Hartmann
Oltn.

Leiter der Abteilung

Glöckner
OSL

Nach meiner Erinnerung waren zeitweise 3 Fahrzeuge mit insgesamt 6 Personen damit beschäftigt, uns zu beobachten. Das Ziel war, uns unsicher zu machen. Dies gelang auch, denn gegen Mittag fuhren wir wieder nach Berlin zurück. Die Geschichte mit dem Füller in diesem Beobachtungsbericht ist mir noch gut in Erinnerung, zumal ich das Schreibgerät noch immer auf Reserve halte. Bei wichtigen geschäftlichen Unterschriften hole ich ihn heraus und benutze ihn im Gedenken an jenen unseligen Dezembertag.
Weswegen uns die Stasi allerdings mit den despektierlichen Namen »Wolf« und »Affe« bedachte, wird wohl auf immer im Dunkel der deutsch-deutschen Geschichte bleiben.
Mit diesem »Affentheater« endete das Jahr 1978. Zieht man eine (Zwischen-) Bilanz, so ergibt sich, daß es den umfangreichsten Zuwachs an Aktenmaterial überhaupt gebracht hatte. Wir waren im Laufe des Jahres zu sogenannten »Reisespionen« aufgestiegen, die Ermittlungsarbeiten waren auf das Bundesgebiet ausgedehnt worden, der stellvertrende Minister hatte sich mit uns befaßt – und herausgekommen war erneut fast nichts. So mußte es dem neuen Jahr vorbehalten bleiben, hier möglicherweise eine Änderung herbeizuführen. Wie in den Jahren zuvor fiel demgegenüber unsere Bilanz deutlich positiver aus. Denn trotz aller Verfolgungen hatten wir auch 1978 eine ansehnliche Foto-Ausbeute mit nach Hause genommen, und zwar in verbrieft »veröffentlichungswürdiger Qualität«.

Einmal mehr begleitet uns ein Jumbo ins neue Jahr: Im Schritttempo quält sich die Saalfelder 44 618 die Rampe nach Unterwellenborn hinauf.
Foto: Burkhard Wollny

»Der Verdacht gemäß der OV-Eröffnung ist zutreffend«

1979

»Ende der Enthaltsamkeit« – fast ein Jahr lang war ich nicht in die DDR gefahren, doch Anfang September 1979 waren Stephan Franz und ich wieder in Sachen Dampf unterwegs. Bestens darüber informiert war der IM »Hermann Otto«, bei dem wir angeblich damals übernachteten. Er berichtete der Stasi auch, daß wir am 2. September ins Preßnitztal fahren wollten.
Der IM »Hermann Otto« konnte bis heute seine wahre Identität verschleiern, die Fahrt ins Preßnitztal hingegen ist verbürgt. In Steinbach (b. Jöhstadt) wurden wir am 2. September 1979 Zeugen der Leistungsschau sozialistischer Kittelschürzen. Foto: Burkhard Wollny

0
3
6
9

»Operativ relevante Anfälle« sollten 1979 nochmals besonders herausgearbeitet werden. Mit anderen Worten: Unser etwaiges Auftauchen am Bahndamm sollte in einen Zusammenhang mit dem Spionageverdacht gebracht werden. Insofern war der »Anfall« zum Tag des Eisenbahners sicher nicht »operativ relevant«, denn an diesem Festtag für Eisenbahnfreunde konnte man stets republikweit ungestört die geliebten Loks fotografieren.
Im Dresdner Hauptbahnhof wurde von dieser Möglichkeit reichhaltig Gebrauch gemacht.
Foto: Karsten Risch.

Anders als im abgelaufenen Jahr hielten es die Genossen für ratsam, das Jahr 1979 bereits im Januar zu beginnen – und so trafen sich am 17. Januar 1979 die bekannten Herren Spors, Knabe, Kühn und Ansorge beim Leiter der Abt. XIX in Potsdam.

In bewährter Manier fertigte Hauptmann Ansorge den fälligen Bericht über diese »Vorgangsabsprache über den OV »Fotograf««, datiert vom 30. Januar 1979. Wieder einmal kam er zu dem schon bekannten Ergebnis: insgesamt ist der Einsatz bislang unbefriedigend.

»Der IM-Einsatz an und bei Kontaktpartnern konnte aufgrund objektiver Faktoren – Krankheit, Nichteinreise, nur lose bestehende Verbindungen – noch nicht mit wesentlichen die Vorgangsarbeit voranbringenden Problemen belebt werden. Die bisherigen Aktivitäten sind konzentrierter

durch Aktivitäten zu beleben, mittels derer operativ bedeutsame Fakten erarbeitet werden. Die Kontrollprozesse zu den Kontaktpartnern werden mit sehr unterschiedlicher Intensität betrieben. Die Abt. XIX Halle und Karl-Marx-Stadt haben keine aktiven Kontrollprozesse. Die operativen Handlungen der Abt. XIX Leipzig und Suhl tragen unter differenzierter Betrachtung Teilergebnisse.«

(...)

In der Fahndungsarbeit und den damit verbundenen B-Maßnahmen zeigen sich derzeit nicht die in diese Maßnahmen gesetzten Erwartungen. Bisher wurden 2 Beobachtungen, die auf operative Wertigkeit schließen, voll durch die Abt. VIII (Beobachtung und Ermittlung, die verstehen davon etwas! Der Autor) gefahren. Die örtlich gebundenen Fahndungsmaßnahmen haben bisher keine Ergebnisse gebracht.

(...)

Hinweise, daß unter Vorspiegelung von Aktivitäten sich feindliche Organisationen und geheimdienstlich getarnte Institutionen dahinter verbergen, konnten bisher noch nicht erarbeitet werden.«

Wenn man berücksichtigt, daß das MfS nun schon seit 1976 in der Angelegenheit »Fotograf« tätig war und bis zu diesem Zeitpunkt, also Januar 1979, noch keine brauchbaren Ergebnisse erzielt worden waren, so erweist sich diese Organisation als nicht sehr effektiv arbeitend. Offenbar haben die Genossen dies schließlich selbst gemerkt und deshalb am 30. Januar 1979 folgende »Wertung und Orientierung« vorgenommen:

»Trotz der bisherigen Ergebnisse in der Bearbeitung bleibt die weitere offensive Bearbeitung gerechtfertigt. Es gilt, die operativ relevanten Anfälle des Personenkreises nochmals besonders herauszuarbeiten. Für uns muß in der Arbeit die Version: der Gegner arbeitet unter diesen Leuten subversiv, immer im Mittelpunkt der Ziel- und Aufgabenstellung stehen. Viele Einzelerscheinungen lassen Schluß auf vorgenannte Version zu, sie zu untermauern, zu belegen, muß die Hauptzielstellung sein. Im Vordergrund aller Handlungen steht die Arbeit zur Verbreiterung der IM-Basis.

Für die Bearbeitung sind die Mitarbeiter des Referates, Genosse Oberleutnant Schwarz und Leutnant Seidel zur Lösung von Teilaufgaben planmäßig zu binden. In der analytischen Arbeit gilt es, Fragen, die der weiteren vorgangsmäßigen Bearbeitung dienen, aufzuwerfen, Probleme der Realisierung und ihrer Zuordnung festzulegen.

Vom Referat IV wird hierzu Genosse Wrobel als Analytiker zum Einsatz gebracht. Mit dem IMV »Kleinbahn« ist dahingehend zu arbeiten, daß er auf der Grundlage einer anderen Zielstellung zum Einsatz gebracht werden kann. Der in Leipzig vorhandene IM »Archiv« ist zur Bearbeitung zu aktivieren und mit entsprechender Konzeption zum Einsatz zu bringen.« (In dieser Formulierung fällt mir auf, daß es wie bei der Eisenbahn zugeht: eine Lokomotive wird aktiviert, angeheizt und dann mit einem entsprechenden Umlaufplan zum Einsatz gebracht!)

Die Aussagen eines Untersuchungshäftlings Kroil bei der Abt. IX der BV Magdeburg zur Aufklärung von Regime- und anderen Fragen zur Hobbytätigkeit in Verbindung mit westdeutschen Partnern sind zu präzisieren und in die analytische und Auswertungstätigkeit einzubeziehen.«

Man wird den Eindruck nicht los, daß auch im neuen Jahr, wie schon in den Jahren zuvor, vor allem *heiße Luft* produziert werden soll – es gilt, »Fragen aufzuwerfen« anstatt sie zu beantworten, »Probleme und ihre Zuordnung festzulegen« anstatt sie zu lösen...

Mit anderen Worten: alles ging weiter wie bisher.

So verwundert es nicht, daß auch die IM-Arbeit in der bisherigen Weise fortgeführt werden sollte. Am 31. Januar regte Ansorge an, den bereits vorliegenden Operativplan zu erweitern. Ein bei Karl-Marx-Stadt lebender IM sei durch das MfS zu kontaktieren.

»Unter der Legende der Prüfung für einen Auslandseinsatz sind Voraussetzungen zu schaffen

- *für einen ausbaufähigen weitergehenden Kontakt*
- *zur Erarbeitung uns interessierender Verbindungen in das NSW (speziell bezogen auf die im OV erfaßten Partner)*
- *für einen späteren Einsatz im Rahmen der Bearbeitung der BRD-Personen, besonders zu deren Aktivitäten auf dem Territorium DDR.«*

Darüber hinaus sollte ein Kontaktpartner aus der DDR, der im Bereich der Elektrifizierung der Reichsbahn tätig ist, unter der Legende »Elektrifizierung« eingesetzt werden. Schließlich forderte Ansorge, im Februar die Aktivierung der Zusammenarbeit mit dem IM »Bischoff« (Kontaktpartner von Franz und Wollny) durchzusetzen. Über den ebenfalls schon bekannten IM »Kleinbahn« sollten mehr Aktivitäten durchgesetzt werden können, weswegen sein Einsatz verändert werden sollte. Weiter ist über »Kleinbahn« zu lesen:

»Neben dem weiteren Einsatz des IMV »Kleinbahn« an dem Kontaktpartner W. seiner Handlungen zum Einsatz weiterer überörtlich einsatzbarer IM ist insbesondere seine Tätigkeit im Redaktionsbeirat des Transpressverlages zu nutzen um über Presseveröffentlichungen westlicher Publikationsorgane (zum Bereich Eisenbahn) mit uns interessierenden Personen in persönlichen brieflichen Kontakt zu treten (sic!). In Verbindung mit der HA XIX und

geeigneten IM sind Veröffentlichungen nach dem uns erfaßten Personenkreis zu sichten, die Ansatzpunkte für das Wirken des IM »Kleinbahn« bilden«.

Nicht zuletzt dank dieses Hinweises auf den transpress-Verlag interessierte mich dieser »Kleinbahn« ganz besonders, und so recherchierte ich im Juli 1998 in den Kellern des Verlages in Berlin. Aber nirgendwo in den Impressi der verschiedenen Zeitschriften stieß ich auf eine in Frage kommende Person, die damals in einem sogenannten Redaktionsbeirat tätig gewesen wäre.

Abschließend forderte das Papier, die üblichen »Gesichtspunkte zu analysieren«, als da beispielsweise wären:

- *»Sichtbar gewordene Aktivitäten auf dem Territorium der DDR (Vergleich mit Ergebnis der B-Maßnahmen),*
- *Analyse der Spezifik dieser Gruppe,*
- *Intensität des personifizierten Zusammenwirkens, der Benutzung der Kfz, des Aufsuchens gemeinsamer Zielorte,*
- *Häufigkeit des Aufenthalts zu den unterschiedlichen Jahreszeiten, Wochen- und Feiertagen,*
- *Herausarbeitung des Anfalls in Orten aktiver M-Bewegungen in den von ihnen angegebenen Zielorten bzw. Streckenbereichen.*
- *Darstellung von Widersprüchen, die sich aus der Analyse der Reisetätigkeit ergeben und von ihrer Anlage dem vorgebrachten Hobby entgegenstehen.«*

Wie gesagt, das waren die üblichen Gesichtspunkte, die Geheimdienstaktivitäten drehten sich unverkennbar um sich selbst. Auch die nächste „Herrenrunde" in der gewohnten Zusammensetzung (OSL Schulz, Major Knabe, Major Kühn, Hauptmann Ansorge) erbrachte nichts Neues. Die in der Akte abgehefteten zweieinhalb Seiten (datiert vom 1. März 1979) bilden nichts anderes als ein Wiederholen der alten Notizen. Anscheinend war man sich unschlüssig, wie man weiter gezielt vorgehen sollte. So wird vermeldet, »daß trotz Auftragsstruktur und Realisierung gegebener Instruktionen bisher nichts erreicht werden konnte, daß die im OV erfaßten Personen offiziell zur Benennung kamen, auf deren Grundlage weitere Handlungen durch den IM hätten realisiert werden können.«

Immerhin, von dem Kontaktpartner Bischoff, Leipzig, bei dem Franz und ich übernachteten, erhoffte sich die Runde günstige Ausgangsmöglichkeiten, um zu uns beiden die Verbindung auszubauen.

Über das Haus Bischoff möchte ich aus gegebenem Anlaß an dieser Stelle ein paar Worte verlieren. Es zeichnete sich seinerzeit durch eine besondere Gastfreundschaft aus – die Gastgeber erwarteten freilich, im Anschluß an unseren Besuch, etwas Westgeld für diverse Gefälligkeiten. »Bischoff« selbst erinnerte mich in seiner Unheimlichkeit eher an den beleibten, mit einer dicken Hornbrille versehenen Orson Welles, als an einen liebenswürdigen Sachsen.

Als besonderes Anliegen vermerkte Ansorge im Protokoll dieser Sitzung, »daß die Person Wollny im Operationsgebiet einem längeren Kontroll- und Beobachtungsprozeß zu unterziehen« sei.

Doch er hatte die Rechnung ohne den Fotografen gemacht – für einen »längeren Kontroll- und Beobachtungsprozeß« hätte er nun wirklich genug Zeit gehabt, jetzt, im Jahr 1979, war es zu spät. Aus meinen eigenen Aufzeichnungen geht eindeutig hervor, daß ich mit dem Ablauf des Jahres 1978 meine Reisetätigkeit abgebrochen hatte. Unter dem 18. November 1978 steht dort deutlich: Schluß und ein +. Zwar war ich dann doch noch einmal in der DDR, nämlich an jenem 15. Dezember 1978, der uns das »Affentheater« bescherte, doch danach war dann wirklich Schluß – des Verfolgtwerdens und Filzens müde wandte ich mich Österrreich mit seinen Schmalspurbahnen zu.

Am 26. April 1979 trafen sich Hauptmann Ansorge, Major Kühn und Oberleutnant Stoltmann zwecks »Absprache« des OV »Fotograf«. Die Erkenntnis, daß trotz vielfacher Bemühungen bislang kaum verwertbares Material »erarbeitet« werden konnte, bewog die Herren, »die Beobachtungstätigkeit der verdächtigten Personen während ihrer zahllosen Einreisen in die DDR qualitativ zu verbessern«, denn *»nur durch eine lückenlose Kontrolle der sechs bearbeiteten Personen während ihres Aufenthaltes auf dem Gebiet der DDR und die Dokumentierung ihrer Handlungen mit den geeigneten Mitteln und Methoden wird es möglich sein, die von Verdächtigten verfolgen Angriffsziele und Angriffsrichtungen zu analysieren und letztlich dadurch die Feindtätigkeit nachzuweisen.« (Randvermerk von Oberst Ribbecke an dieser Stelle: Eine Beobachtung ab GÜST muß unterbleiben. Gefahr der Dekonspiration ist zu hoch. Die Beobachtungsmöglichkeit muß in den Zielorten dieser Personen überschaubar und ohne Dekonspirationsmöglichkeiten organisiert werden.) »Gleichzeitig ist es notwendig, das jeweilige Verhalten der Betreffenden fototechnisch und mit anderen Mitteln festzuhalten, ihre Handlungen an den Angriffsobjekten zu rekonstruieren und die dabei gewonnenen Feststellungen und Erkenntnisse zwecks Schaffung von Beweismitteln zu dokumentieren. In dieser Bearbeitungsphase muß damit begonnen werden, jeweils in Frage kommende Personen für eine eventuelle Zeugenvernehmung festzustellen und aufzuklären.« (Randvermerk von Oberst Ribbecke: Sehr wesentlich!)*

Im Grunde erübrigt sich jeder Kommentar

Erstaunlicherweise enthält die Akte kaum Hinweise darauf, daß auch die Transportpolizei in die Ermittlungsarbeiten eingebunden worden wäre. Dabei waren die »Trapos« doch nahezu allgegenwärtig und hätten sicher manches zur »Spezifik der Gruppe«, zur »Intensität des persönlichen Zusammenwirkens«, zur »Häufigkeit des Aufenthalts« und zu »sichtbar gewordenen Aktivitäten auf dem Territorium der DDR« sagen können.
Mit diesen beiden Bildern soll daher der Transportpolizei der gebührende Platz eingeräumt werden. Wir sehen zunächst zwei Herren beim Dienstgespräch in Aue, das zweite Bild zeigt zwei der Ordnungshüter im Gleichschritt mit Gebührentaschen behängt.
Fotos: Burkhard Wollny

Erst am 11. Mai 1979 fiel Major Ansorge auf, daß ich seit 15. Dezember 1978 nicht mehr in die DDR eingereist war. Während er in Potsdam diese Erkenntnis zu Papier brachte, oblag es dem weiterhin einreisenden Karsten Risch, die 03 0090 im S-Bahnhof Schönhauser Allee aufs Bild zu bannen, die mit ihrem Schnellzug Richtung Stralsund unterwegs war.
Foto: Karsten Risch

– das gebetsmühlenhafte Wiederholen der immer gleichen Phrasen sagt mehr über den Sinn der geheimdienstlichen Tätigkeit aus als jede Wertung. Und es ging im gleichen Grundton weiter. Interessant ist allerdings, daß die qualitative Verbesserung bis dahin noch nicht »erarbeitet« hatte, daß »der Wollny« gar nicht mehr kam. Für diese Erkenntnis brauchte der mittlerweile zum Major beförderte Ansorge fast ein halbes Jahr, denn erst am 11. Mai 1979 findet sich ein entsprechender Hinweis in der Akte:

»Durch die Beobachtungsmaßnahme der Abteilung VIII Dresden vom 15.12.1978 (Beobachtung Franz/Wollny) wurden die Einreisenden darauf aufmerksam gemacht, daß sie unter Kontrolle stehen. Festzustellen ist, daß seit diesem Zeitpunkt die Person Wollny, die im Jahre 1978 in der überwiegenden Mehrheit mit Franz reiste und zu dem die Aussage zu treffen ist, daß er wenig oder gar keine Ahnung vom »Hobby« besitzt, seit dem 16.12.1978 weder Anträge stellte noch kurzfristig mit den anderen Verdächtigten einreiste. Aus dieser Verhaltensweise ist operativ abzuleiten, daß der Wollny zu den Personen gehörte, auf denen der Verdacht gemäß der OV-Eröffnung zutreffend ist und derzeit durch die erkannte Maßnahme zur Einstellung seiner Reisetätigkeit veranlaßt sein kann.«

Demnach ging er also davon aus, daß ich tatsächlich ein Spion sei, der aus Angst davor, als solcher enttarnt zu werden, seine Reisetätigkeit eingestellt hatte. Denn wie sonst sollte der Satz zu bewerten sein, daß auf mich »der Verdacht gemäß der OV-Eröffnung zutreffend« ist?

Immerhin erfahren wir aus dem gleichen Bericht, mit dem eine Absprache zwischen Ansorge und Genosse Kühn protokolliert wurde, daß seit Oktober 1978 weitere IM-Stellen geschaffen wurden, nämlich im Bereich der BV Leipzig 1 IM, im Bereich der BV Suhl 1 IM, desgleichen in der BV Cottbus (So haben wir in der DDR sogar für Arbeitsplätze gesorgt! Der Autor)

Außerdem vereinbarten die Genossen, daß zu westdeutschen Verlagen Kontakt aufgenommen werden sollte, die Ergebnisse dieser Verbindungsaufnahme allerdings noch ausstünden. Schließlich kamen die Herren zu dem Schluß, daß »aufgrund der negativen Werte bei der Beobachtungs-Maßnahme derzeitig keine Beobachtung mehr bei der Abt. VIII angefordert wird. Über die HA XIX wird die Abt. VIII Dresden vom negativen Ergebnis zur Veränderung ihrer Arbeitsweise verständigt.« Dies bedeutete im Klartext nichts anderes, als daß die Autoverfolgungen eingestellt waren.

Kehren wir noch einmal zurück zum ersten Teil von Ansorges Bericht. Es ist schon erstaunlich, mit welcher Hartnäckigkeit Ansorge an seinem Verdacht, ich sei ein Spion, festhielt. Umso mehr, als er es eigentlich bei genauem Studium der Akten besser hätte wissen müssen.

Auch die Abteilung IX bestätigte in einer »Einschätzung« vom 30. Mai 1979 noch einmal, »daß kein Nachweis der Begehung strafbarer Handlungen im Sinne der Spionage geführt werden kann.« Doch anstatt daraus folgerichtig abzuleiten, daß die Ermittlungen nach einer derart langen Zeit eben eingestellt werden sollten, empfahl die Abt. IX der Abt. XIX, so weiterzumachen wie bisher.

Und die Abteilung XIX tat, wie ihr geheißen. Mittlerweile war es wieder Sommer geworden und damit Zeit für den alljährlichen Zwischenbericht. Auch dieser stammt aus der bewährten Feder Major Ansorges, der ihn am 20. Juli 1979 abgeschlossen hat. Der Bericht ist sehr umfangreich, allerdings enthält auch er über weite Strecken die altbekannten Erkenntnisse.

Als »bezeichnend und damit von operativer Bedeutsamkeit« hält der Bericht fest, »daß bei den geführten Beobachtungen seitens der erfaßten Personen Gegenbeobachtungen geführt und, wie einzuschätzen ist, ihrerseits eigene Sicherungsmaßnahmen geführt wurden.«

Unklar freilich bleibt, wofür dieses unser Verhalten bezeichnend sein soll.

Nach meiner Einschätzung viel bezeichnender ist das erneute Eingeständnis, daß »die IM-Kontakte (...) nicht die angestrebte Verbindung über DDR-Kontaktpartner zu dem erfaßten Personenkreis« brachten.

Immerhin, so der Text weiter, konnte durch die IM folgendes erforscht werden:

»Herausgearbeitet konnte werden der Widerspruch zwischen den langen Antragszeiträumen durch die DDR-Partner und den tatsächlich genutzten der Verdächtigen. Laut Begründung durch Franz ermöglicht diese Art angeblich die Nutzung der günstigsten Witterungsbedingungen. Diese dargestellte Aussage widerspricht operativen Überprüfungen zu den meteorologischen Bedingungen bezüglich der Zielorte der Verdächtigen. Es wird erkennbar, daß neben Regen in vielen Fällen stark beeinträchtigte Sichtbedingungen vorhanden waren und daraus ableitend die Fotobedingungen beeinflußt wurden.

(Überprüfungen wurden für das Jahr 1978 geführt) Die IM's »Kleinbahn« und »Ullmann« sollen Verbindung zu Verlagen in der BRD aufnehmen, um über diese möglichen Wege, mit Verdächtigen aus dem OV in Verbindung treten zu können. Eine Aussage dazu ist in dieser Einschätzung noch nicht möglich.«

(...)

Die Beobachung am 15.12.78 (in Dresden, »Wolf und Affe«, der Autor) erbrachte Hinweise, die auf das Interesse an M-Objekten schließen lassen. Gleichzeitig ergab die B-Maßnahme ein stark sich selbst sicherndes Verhalten. Diese dargestellte Beobachtung der Abt. VIII Dresden wurde von den Verdächtigen wahrgenommen, was sie in Gesprächen mit dem IM in Leipzig wiedergaben. Aufgrund dieser Tatsache und des hohen Grades der Gefährdung der Konspiration wurde bis heute von weiteren B-Maßnahmen Abstand genommen. Bezeichnend ist, daß seit der Feststellung der Kontrolle zu den Verdächtigen der Verdächtigte Wollny nicht mehr in die DDR einreiste.

In diesem Zusammenhang ist einzuschätzen, daß dem Problem der Erwartungsbeobachtung nicht Rechnung getragen werden konnte, da die Verdächtigen die Zielvorgaben trotz umfangreich eingeleiteter Fahnungsmaßnahmen nicht anliefen. Die einem Hobby entgegengesetzt stehenden Verhaltensweisen bei ihren Reisen in die

»Regen und stark beeinträchtigte Sichtbedingungen« – nach Ansicht der Stasi hätten wir bei derartigen »meteorologischen Bedingungen« nicht fotografieren dürfen. Daß wir es dennoch taten, deuteten die Organe als Hinweis auf unsere Spionagetätigkeit. Am 9. Juni 1979 regnete es offenbar auch, wie die offenen Schirme vermuten lassen. 01 137 hat mit einem Sonderzug einen unbekannten Bahnhof erreicht und wird mit Musik empfangen.
Etwas seltsam wirkt der gehetzte Gesichtsausdruck einiger Herren zu diesem Anlaß. Der zweite von rechts ist gar mit einer Armbinde ausgestattet und so als Ordnungskraft zu erkennen.
Foto: Karsten Risch

DDR konnten durch derartige op. Maßnahmen erneut belegt werden.«

Beseelt vom Gedanken, es bei uns mit Spionen zu tun zu haben, griffen die Verantwortlichen offenbar nach jedem „Strohhalm", um diesen Verdacht möglichst zu erhärten. Aus unserem »stark sich selbst sichernden Verhalten« abzuleiten, daß wir spionieren wollten, ist absurd, ein nüchtern denkender Mensch könnte daraus allenfalls schließen, daß die Beobachteten kein Interesse an Begegnungen mit staatlichen Organen haben. Doch eine derart banale Interpretation widersprach offenbar der einmal gefaßten Meinung über uns.

In einem hat der Bericht allerdings Recht: Nachdem wir uns bewußt geworden waren, daß wir unter Beobachtung standen, richteten wir unser Verhalten dementsprechend ein und versuchten, den Organen das „unter Kontrolle bekommen" möglichst zu erschweren. Das sah in der Praxis dann zum Beispiel so aus, daß wir, nachdem wir bemerkt hatten, daß man uns immer wieder verfolgte, Fernverkehrsstraßen möglichst vermieden und stattdessen Umwege fuhren oder Abkürzungen auf Nebenstraßen bevorzugten. Generell parkten wir den Wagen unauffällig in Nebenstraßen. Zum vorgesehenen Fotostandpunkt gingen wir mit unauffälligen Beuteln oder getarnten Fototaschen. Die Fotostandpunkte suchten wir erst ein bis zwei Minuten vor Ankunft oder Vorbeifahrt des Zuges auf, längere Wartezeiten verbrachten wir im Gebüsch oder an einer uneinsichtigen Stelle. Nach dem Foto gingen wir sofort gemächlichen Schrittes zum Auto zurück und entfernten uns unverzüglich. Hatten wir den Eindruck, verfolgt zu werden, machten wir Kontrollfahrten, etwa dreimal zügig um einen Häuserblock herum, um festzustellen, ob das verdächtige Fahrzeug tatsächlich ein Verfolger war.

Ich gebe zu, daß dieses Verhalten schon geeignet war, Verdacht zu erwecken – allerdings kann ich bis heute nicht nachvollziehen, weshalb Ansorge so hartnäckig darauf bestand, daß wir uns ganz besonders für »M-Objekte« interessierten.

Bei näherem Hinsehen lösen sich all die Indizien, die ihn zu seiner Meinung bewegten, in Wohlgefallen auf. Daß wir mit verschiedenen Pkw unterwegs waren, lag natürlich nicht daran, daß wir die Organe bewußt täuschen wollten, sondern daran, daß wir stets kurzfristig am Vorabend einer Reise entschieden, wer von uns chauffierte – und das war meist von der *Tagesform* abhängig.

Daß wir kurzfristig zu anderen Zielen fuhren als im Antrag angegeben, diente nicht der Verschleierung, sondern war z. B. von der Witterung abhängig oder von den Fahrzeugumläufen.

Man hätte annehmen können, daß die Stasi diese Zusammenhänge spätestens dann hätte erkennen müssen, als sie auch im Westen ermittelte, doch es scheint, als wollte man dies gar nicht erkennen. Und so ist klar, wie auch dieser Zwischenbericht ausging. Ansorge bleibt dabei, daß »die Verhaltensweise der Verdächtigten den Verdacht der Reisespionagetätigkeit zum Inhalt haben!«

Obwohl der Autor sich in dieser Zeit ab Ende 1978 zeitweilig zurückgezogen hatte, sollten die IM »Kleinbahn« und »Ullmann« direkt Kontakt zu ihm aufnehmen. Man versprach sich Hinweise zu unserem »Hobby«:

»Aufklärungshandlungen haben sich auf die Verdächtigten Franz, Wollny und Schlipf auszurichten.«

Schließlich forderte Ansorge:

»Zur Erarbeitung der von den Verdächtigen erfolgten Angriffsziele und Richtungen ist die analytische Tätigkeit durch die Dokumentierung ihres Tätigwerdens an den Angriffsobjekten beweisbar zu gestalten. Gleichzeitig sind die gegen die Objekte vorgetragenen Angriffe durch Schaffung von Beweismitteln zu dokumentieren.«

Alles klar? Zum besseren Verständnis übersetzen wir den Satz ins Deutsche. Dann könnte er ungefähr so lauten: Wenn der Autor mit der Kamera eine Lokomotive fotografiert, sollen die Beobachter diese ebenfalls fotografieren!

Vielleicht hätte ein Befolgen dieser Anweisung das Verständnis für unser Hobby gefördert.

Immerhin konnte die Stasi in diesem Jahr auch einen Erfolg verbuchen, nämlich die »Installierung« des IM »Hermann Otto«. »Hermann Otto« wußte alles über Stephan Franz und mich. Nach der Akte wohnte er in Crock bei Hildburghausen (Thüringen). Er kannte unsere Gewohnheiten. Er wußte, wo wir arbeiteten und daß wir leidenschaftliche Eisenbahnfotografen waren. »Hermann Otto« schrieb fleißig Berichte an die Stasi, in denen er Besuche durch uns schilderte. Mit einem Wort: Keiner wußte über uns so gut Bescheid wie »Hermann Otto«.

Am 17. August 1979 informierte »Hermann Otto« einen Unterleutnant Heß in der Abteilung XIX der Stasi in Suhl. Er schrieb, daß er für Stephan Franz und mich ein Visum beantragt habe. Weiter ist hier zu lesen:

»Aus den Angaben des Wollny konnte ich entnehmen, daß dieser 1979 bereits 4 Tage in der DDR war. Von diesem Wollny sprach Franz bereits, als ich ihn kennenlernte, ohne, daß er jedoch den Namen nannte. Er hatte mir lediglich gesagt, daß er bis jetzt nur mit Pein einreiste. Zwischenzeitlich fragte Franz in einem Telegramm an, ob ich die Reise für ihn und Wollny beantragt habe. Ich habe ihm mit einer Karte geantwortet, daß ich die Einreise, wie gewünscht, beantragt habe. Den

konkreten Zeitpunkt der Einreise haben sie mir noch nicht mitgeteilt«.
»gez. Hermann Otto«
Diesem Bericht folgte anderthalb Monate später, am 28. September 1979, ein weiterer:

000268

Abschrift

Hildburghausen, 28. 9. 1979

12.10.79

B e r i c h t über die BRD-Bürger Stephan, Franz und Wollny, Burkhard

Beide Personen reisten am 1.9.79 über die GÜST Hierschberg mit einem Pkw "Opel", WN-NE 745, in die DDR ein. In den Nachmittagsstunden, als ich noch Dienst hatte, waren sie bereits bei meiner Frau und teilt ihr mit, daß sie zum Übernachten kommen. Gegen 18.30 Uhr kamen dann beide. Nach der Begrüßung stellte mir Franz den Hobbyfreund Wollny vor. W. soll Angestellter der Bank Stuttgart-Berlin sein. W. ist seinen Aussagen zufolge, ledig. Unter dem Vorwand, den Pkw näher zu betrachten, bzw. selbst einmal zu fahren, stieg ich in das Auto und stellte den Kilometer-Stand 21123 bei der Ankunft fest. Im Fahrzeug selbst befanden sich drei Taschen, in welchen Dinge des persönl. Bedarfs und die Fotoausrüstung mitgeführt wurde. Im Kofferraum befand sich eine Ersatzfrontscheibe aus Plaste. Ich selbst bekam von ihnen Bier, Kaffee und Seife. Im Beisein von Wolly, als auch meiner Ehefrau sagte Franz, er sei bei seiner letzten Einreise verfolgt worden. Angeblich von den Sicherheitsorganen. Hierzu führte er an, daß er ganz offensichtliche Feststellungen getroffen habe.So hätte ihn eine Frau selbst bis zu einem Einkauf in einem Geschäft, verfolgt.

Diese Frau fuhr vorher gemeinsam mit einem Mann ständig hinter ihm her. Ich zerstreute seine Befürchtung, indem ich sagte, ich glaube nicht, daß die Sicherheitsorgane so viel Zeit haben, euch zu verfolgen. Bei den vielen Einreisen wäre es gar nicht möglich, zumal man sich nichts zu Schulden kommen läßt. Franz, als auch Wollny, machten hierzu keine weiteren Aussagen. Auf einen Vorschlag von mir, am Sonntag zum Mittagessen zukommen, gingen sie nicht ein. Als Grund gab Franz an, daß Wollny am Montag wieder zur Arbeit muß. Sie sagten lediglich noch, daß sie amSonntag nach Saalfeld sowie nach Wolkenstein/Erzgebirge wollten, da die dortige Schmalspurbahn für den Personenverkehr eingestellt wird. Franz beabsichtigt , in diesem Jahr noch einmal einzureisen. Er wird vermutlich mit seiner Ehefrau kommen. Bei der Abreise gegen 07.30 Uhr fragte mich Franz noch einmal, ob ich einen besonderen Wunsch hätte,ich könnte ja schreiben.

[redacted]

gez. "Hermann Otto"

Dieser »inoffizielle Bericht« wurde einen Monat später von Suhl nach Potsdam gesandt. Der Eingangsstempel trägt das Datum 2. Nov. 1979. Tatsächlich hatte ich Anfang September 1979 meine selbstgewählte DDR-Abstinenz aufgegeben und war mit Stephan Franz am 1./2. September 1979 wieder in Sachen Dampf unterwegs. Und ebenso entspricht es der Wahrheit, daß wir am 2. September ins Preßnitztal fuhren – das Foto auf Seite 134 beweist dies.
Wie wichtig der IM »Hermann Otto« für die Ermittler war, belegt eine Aktennotiz vom 1. November 1979 über eine Absprache zwischen Oberleutnant Seidel und Major Kühn in Berlin zum weiteren Einsatz des IM. Darin heißt es unter anderem, daß sich der Kontakt zwischen »dem IM und Fr. speziell im Jahre 1979 recht gut entwickelt hat. Der IM kennt den Fr. seit 1977 persönlich und wurde von ihm in unperiodischen Zeitabständen besucht. Bezeichnend ist, daß Fr. bisher niemals alleine beim IM zu Besuch weilte, sondern immer in Begleitung eines weiteren Hobbyfreundes aus der BRD.«
Weiter heißt es:
»In seiner Berichterstattung schätzt der IM »Hermann Otto« ein, daß sich Wollny im Verlaufe des Besuches beim IM sehr passiv verhielt. Dieses Verhalten bezog sich sowohl auf den gesamten Verlauf der Gesprächsführung, vor allem jedoch im Hinblick auf das gemeinsame Hobby, so daß beim IM der Eindruck entstand, als ob Wollny vom Hobby keine Ahnung hat. (Gleiche Feststellungen wurden im Jahre 1978 bereits durch den IM »Walter« der Abteilung XIX Leipzig getroffen.) Dieses passive Verhalten trat jedoch nicht in Erscheinung, wenn es um ausschließlich fototechnische Probleme ging.«
Bezüglich des weiteren Einsatzes vereinbarten die beiden, daß der IM »Hermann Otto« so instruiert werden sollte, daß der bestehende Kontakt zwischen ihm und Fr. sich weiter festigt, der IM auf besondere Wünsche des Fr. im Rahmen des gemeinsamen Hobbys eingeht und auch, wie bereits im April 1979 praktiziert, seinen ei-

»Am Sonntag nach Wolkenstein« – IM »Hermann Otto« berichtete der Stasi in einem seiner Berichte über unsere Fahrt ins Preßnitztal am 2. September 1979. Dort fuhr an jenem herrlichen Herbsttag die 99 1585, der wir in Schönheide schon einmal begegneten. Das Foto zeigt den Endbahnhof Jöhstadt vor seiner zeitweiligen Stillegung. Kein Neubau stört die Idylle. Ohne die Computer-Nummer der Lok ließe sich das Jahrzehnt der Aufnahme schwer schätzen.
Foto: Burkhard Wollny

genen Pkw für gemeinsame Fahrten nutzt. Der IM sollte versuchen, eine ausführliche Personencharakteristik über Franz zu erarbeiten und im Verlaufe weiterer persönlicher Gespräche zu präzisieren.
Soweit, so gut. Rein inhaltlich betrachtet weicht diese Episode von allen anderen bisher genannten Berichten, Einschätzungen, Absprachen u. ä. kaum ab. Man könnte »Hermann Otto« daher eigentlich als ein weiteres Mosaiksteinchen im Gesamtbild »OPK »Fotograf«« betrachten, wenn da nicht ein bemerkenswertes Detail wäre: Obwohl ich nämlich in aller Regel über meine DDR-Reisen sehr detailliert Protokoll geführt habe (Ich erwähnte schon, daß ich dies vor allem wegen der genauen Einordnung der Fotos sehr gewissenhaft tat.), und obwohl ich mich gerade an Übernachtungen und persönliche Begegnungen mit DDR-Bürgern gut erinnern kann – eine Übernachtung in Crock bei Hildburghausen ist nirgendwo festgehalten. Auch der Ort Crock selbst war mir bis 1998 unbekannt.
Andererseits muß es diesen IM »Hermann Otto« gegeben haben, denn sein Wissen

über uns und unsere Reisen konnte er eigentlich nur durch den Umgang mit uns selbst erlangt haben. Leider geht weder aus meinen Aufzeichnungen noch aus denen meiner „Mitstreiter" hervor, wo wir an jenem ersten Septemberwochenende tatsächlich übernachtet haben – möglicherweise diente die Ortsangabe der Verschleierung, wenngleich dies der bis dahin geübten Praxis widerspräche.
So bleibt bis zur endgültigen Klärung festzuhalten, daß es der Stasi wenigstens in diesem Fall tatsächlich gelungen ist, ihr »operatives Verhalten« vor uns bis heute geheim zu halten.

Ein Bild mit Symbolcharakter – die Flaggen hängen träge im Wind, die Zeiger der Uhr gehen gegen zwölf, der Zug ist abgefahren. So ähnlich könnte man auch den Stand der Ermittlungen am Jahresende 1979 beschreiben.
Das Foto entstand im Juni 1979 im Hp Zeithain.
Foto: Karsten Risch

Die Dampflokomotiven sind weitestgehend erfaßt

1980–1985

»H« steht für »Halt«. Halt hieß es 1980 auch für die Ermittlungen der Staatssicherheit in Sachen »Fotograf«. Da trotz langjähriger Arbeit keine Beweise für eine Spionagetätigkeit erbracht werden konnte, wurden die Ermittlungsergebnisse am 21. Oktober 1980 »gesperrt abgelegt«.
Das Foto zeigt eine Reihe der von mir so heißgeliebten H-Masten, die es nur noch bei der Reichsbahn zu sehen gab. In Reih und Glied säumen sie bei Groß Briesen die Strecke Cottbus–Frankfurt an der Oder.
Foto: Burkhard Wollny

124
H

Eine Woche, bevor in Potsdam beschlossen wurde, die Akte im IV. Quartal 1980 zum Abschluß zu bringen, fotografierte ich am 16. Juni 1980 in Rudolstadt die heutige Museumslok 01 118. Am linken Bahnsteigrand sehen wir zwei Vertreter der damaligen Nationalen Volksarmeee.
Foto: Burkhard Wollny

Alles hat einmal ein Ende, und nach allem, was über die bis dahin erfolglosen Bemühungen der Staatssicherheit zu berichten war, konnte es eigentlich nur eine Frage der Zeit sein, daß auch die »OPK ‚Fotograf'« ein solches finden würde. Doch zunächst war von einem Ende der Ermittlungen noch nicht die Rede, im Gegenteil. Ganz gegen die sonstigen Gepflogenheiten erhielt die Akte bereits am 26. Februar 1980 Zuwachs durch einen neuen »Zwischenbericht«. Erwähnenswert ist dabei vor allem eines: Er stammt nicht aus der Feder des bisherigen „Zwischenbericht-Stammautors" Ansorge. Vielmehr ist der Verfasser Oberleutnant Seidel von der Abteilung XIX der Bezirksverwaltung Potsdam. Major Ansorge taucht in den Akten ab 1980 nicht mehr auf. Ob man sich höheren Ortes durch diese Personalentscheidung mehr Erfolg der nun schon jahrelangen Bemühungen versprach?

Mit Oberleutnant Seidel jedenfalls bekam der Zwischenbericht ein anderes Gesicht. Er nämlich legte den Schwerpunkt seiner Berichterstattung auf eine detaillierte Darstellung der »operativen Ergebnisse« der IM-Arbeit.

Im Einzelnen stellt er dar:

Einsatz des IM der Abt. XIX Leipzig »Walter«

Im weiteren Bearbeitungsprozeß des OV wurde sichtbar, daß der IM »Walter« – gegenüber allen anderen im OV eingesetzten IM – die besten Vorausetzungen für einen offensiven Einsatz an dem verdächtigten Franz besitzt. Der direkte Einsatz des IM ergab keine Hinweise bzw. Anhaltspunkte über einen Mißbrauch der Hobbyinteressen des F. zur Durchsetzung subversiver Absichten auf dem Territorium der DDR. In der weiteren Bearbeitung des OV muß berücksichtigt werden, daß durch den Tod des IM Mitte des Monats Februar 1980 diese Verbindung zum F. damit abgebrochen ist.«

Einsatz des IM der Abt. XIX Suhl »Hermann Otto«

»Daraus (Anm. : aus einer Postsendung von Franz an den IM vom 14.12.79) geht hervor, daß aufgrund einer »scharfen« Kontrolle von ihm bekannte Hobbyfreunde bei der Ausreise im September 1979 er nicht so schnell wieder einreisen wird, zumal er durch diese auch selbst Filme, die er seinen Freunden zum Transport mitgab, verlor. Gleichzeitig fragt F. an,ob man den IM bzw. dessen Familie schon nach ihm befragt hat. Durch den IM wurde gemäß Instruktion gehandelt und im diesbezüglichen Antwortschreiben der Sachverhalt bagatellisiert und die Frage verneint. Unter Beachtung dieses Faktes erfolgt im weiteren Bearbeitungsprozeß des OV die offensivere Gestaltung des Einsatzes des IM »Hermann Otto« mit der vorrangigen Zielstellung der Herbeiführung weiterer bzw. erneuter Einreisen zum IM und Festigung des bestehenden Verhältnisses.

Einsatz des IM der Abt. XIX Potsdam »Kleinbahn«

Es gab persönliche Kontakte des IM zu W. Die Zielstellung bestand in der Nutzung des W. als Vermittler eines Kontaktes zu vorgenannten Personen. Im zweiten Besuch, am 15.12.1979 wurde durch den IM im Gespräch mit W. erarbeitet, daß dieser jegliche Vermittlung weiterer Kontakte zu BRD-Hobbyfreunden kategorisch ablehnt. Dieser Ablehnung, so brachte der W. deutlich zum Ausdruck, liegt die Vermutung zugrunde, daß durch die Weitervermittlung

Im August 1980 standen nicht nur die Ermittlungen vor ihrem Ende, sondern auch die letzten Altbau-01 des Betriebswerkes Saalfeld. Zwar war gegen mich ein zweijähriges Einreiseverbot verhängt worden, aber dennoch erhielt ich problemlos ein Visum. Offenbar lag hier ein Versehen der Zentrale vor.
So entstand am 16. August 1980 das Bild der ausfahrenden 01 204 von der bekannten Brücke in Saalfeld.
Foto: Burkhard Wollny

seiner Kontaktpartner der kommerzielle Teil zu seinen Ungunsten leidet. Diesbezügliche Gegenargumente des IM lehnte W. ab.
Darauf schlußfolgert eine Umverlagerung des Einsatzes des IM »Kleinbahn« in der Bearbeitung des OV »Fotograf«. Als eine diesbezügliche Variante wird gegenwärtig geprüft, inwieweit der Kontakt des IM zum BRD-Hobbyfreund Thomansen weitestgehend indirekt bzw. direkt genutzt werden kann.
Eine vorerst postalische Verbindungsaufnahme über einen BRD-Verlag zu der im OV erfaßten Person Schlipf verlief bisher ergebnislos.«

Deutlich wird, daß auch Oberleutnant Seidel gewillt war, die Ermittlungen weiterzuführen. Interessant ist, daß der IM »Hermann Otto« die Aufgabe bekam, »weitere bzw. erneute Einreisen« **herbeizuführen.** Der IM als *Agent provocateur*? An dieser kleinen, scheinbar harmlosen Notiz wird deutlich wie sonst kaum in der Akte, daß

Ebenfalls im August 1980 entstand das Foto von 01 525 in Gera-Süd. Die filigrane Straßenbrücke im Hintergrund wurde mittlerweile durch eine häßliche Beton-Variante ersetzt.
Foto: Karsten Risch

der ganze Vorgang längst um seiner selbst willen betrieben wurde und nicht etwa, um eine etwaige von uns ausgehende Gefahr abzuwenden, denn sonst hätte die Stasi ja froh und glücklich sein müssen, daß wir nicht mehr bzw. nicht mehr so oft einreisten.

Tatsächlich hatte sich die Zahl unserer Reisen deutlich verringert, was der Stasi natürlich nicht verborgen blieb. Die Organe hatten selbstredend auch eine Erklärung dafür parat:

»Unter der Annahme der Nutzung zahlreicher Einreisen in die DDR zum Zweck der Durchsetzung reiner Hobbyinteressen sind diesbezügliche Motive – Dampflokomotiven aller Baureihen – weitestgehend erfaßt, so daß sich weitere betreffende Nachforschungen auf unserem Territorium als nicht mehr notwendig erweisen.«

Knapp vorbei gedacht! Tatsächlich war die Ursache unserer seltener werdenden Reisen eher darin zu sehen, daß wir von der fortwährenden Bespitzelung schlicht genug hatten. Sicher, wir hatten auch die meisten noch vorhandenen Baureihen »weitestgehend erfaßt«, doch jeder Eisenbahnfreund weiß, daß dem Fotografen die Motive nie ausgehen. Auch wir hätten sicherlich noch viele Fotos machen können, doch aufgrund der Umstände hatten wir uns mittlerweile anderen *Dampf-Revieren* zugewandt.

Der Zwischenbericht endete, wie alle seine Vorgänger, mit dem Vorschlag, weitere Aufklärungsarbeiten der Verdächtigten Franz, Wollny und Schlipf durchzuführen, zumal »die Zielstellung – »Herausbrechen« einer Person aus dem Kreis der erfaßten Hobbyfreunde - nicht erreicht wurde.«

Unter diesen Vorzeichen ist es nicht weiter verwunderlich, daß die Stasi in Meiningen am 13. März 1980 für die Bezirksverwaltung der Stasi in Potsdam eine neue Konzeption zur Einsatzrichtung, Zielstellung und Instruierung des IM »Hermann Otto« der Abt. XIX Suhl im Rahmen der weiteren Bearbeitung des OV Fotograf erarbeitete.

Vorgesehen war eine Intensivierung des Kontaktes zu Stephan Franz und schwerpunktmäßig zu mir selbst. Demnach sollte »Hermann Otto« Franz »unter allen Möglichkeiten wieder einladen«, und zwar »unter Beachtung auch der anzustrebenden Mitreise seiner Ehefrau«. Ferner sollte »Hermann-Ottos« Pkw zur Verfügung gestellt werden. »Hermann-Otto« sollte Reiserouten erarbeiten und natürlich mitfahren. Schließlich sollte der IM »zielstrebig auf F. einwirken, daß dieser sich schriftlich oder persönlich mit einer Beschwerde an das MfV bzw. an den DMV wende«.

Welchen Nutzen sich die Stasi von dieser Beschwerde versprach, werden wir wohl nie mehr erfahren – aber letzten Endes ist das auch gleichgültig, denn die vorgesehenen Maßnahmen verpufften wirkungslos: weder ich noch Franz, von dessen Ehefrau ganz zu schweigen, erschienen jemals wieder bei dem ominösen »Hermann Otto«.

Und dennoch mahlten die Mühlen der Stasi weiter, allerdings schien sich allmählich doch so etwas wie leichte Resignation breit zu machen. Denn ein bemerkenswerter Aktenvermerk des Hauptmanns Bartel von der von der Bezirksverwaltung Potsdam vom 22. Mai 1980 enthält erstmals einen Hinweis auf einen »Abschluß des OV«:

Der Vermerk ist es wert, gründlich gelesen zu werden. Ganz offensichtlich war man bei der Stasi des Ermittelns überdrüssig geworden. Doch anstatt einfach

Bezirksverwaltung Potsdam
Abteilung XIX

Potsdam, 22. 05. 1980
se-fü

BStU
000360

A k t e n v e r m e r k

über eine Absprache mit der HA XIX/3 zum OV "Fotograf" und Vorschlag zu einer Grundsatzberatung zum Abschluß des OV zwischen den Leitern der HA XIX/III und Abt. XIX Potsdam

Am 20.05.80 wurde im MfS Berlin eine Absprache zum gegenwärtige Stand sowie der Perspektive des OV "Fotograf" unter Teilnahme des Gen. Major Kühn und Oltn. Schmidt (HA XIX/3) sowie Gen. Hptm. Bartel und Oltn. Seidel (Abt. XIX Potsdam) durchgeführt.

Aufbauend auf den Zwischenbericht zum OV "Fotograf" vom 26.02.8 wurde zum gegenwärtigen Stand folgendes erarbeitet und diskutie

1. Der in der postalischen Sendung der OV Person Franz vom 14.12.79 angedeutete Hinweis über eine intensive Kontrolle von ihm bekannten Eisenbahnfreunden aus der BRD bei der Grenzpassage konnte durch Überprüfungen der HA XIX zeitlich wie auch vom Sachverhalt her, bestimmt werden. Daraus geht hervor, daß F. durch einen BRD-Bürger (erfaßt für Op.-Gruppe des Leiters der BV Leipzig Freunde) Teleobjekte sowie durch einen anderen BRD-Bürger (erfaßt für HA XIX) Filme in die BRD schleusen lassen wollte. Gegenwärtig laufen Überprüfungs maßnahmen zur Verdichtung dieses Sachverhaltes.

2. Unter Beachtung vorgenannten Punktes ist keine Einreisetätig keit des F. seit diesem Zeitpunkt zu verzeichnen. Durch den IM "Hermann Otto" der XIX Suhl wurde bekannt, daß bei einem persönlichen Besuch des BRD-Bürgers Pein Anfang Mai 80 der F. über diesen den IM mitteilen ließ, er wurde nicht mehr in die DDR einreisen. Über dieses Gespräch werden durch o.g. IM konkrete Informationen noch erarbeitet.

3. Die Analyse der Reisetätigkeit spiegelt eindeutig wider, da lediglich noch die Personen Kuom und Risch in die DDR einreisen und die weiteren im OV erfaßten Personen kaum (Mülle bzw. seit 79 überhaupt nicht mehr diesbezügliche Anträge auf Aufenthalt in der DDR stellten.

4. Die unter der Zielstellung einer möglichen operativen Nutzur eventuell bestehender Verbin dung zu Kuom geführten Ausspra mit dem DDR-Bürger Wagner, Andreas (siehe Vermerk der HA XI vom 12.05.80) ergab, daß zwischen vorgenannten Personen keine Kontakte bestehen und der K. ihm auch namentlich nicht bekar ist. Daraus schlußfolgert, daß von einer Gewinnung des W. al IM und damit Aufbau der Verbindung zu K. abgesehen wird.

BStU
000361

2

Auf der Grundlage vorgenannter Einschätzung wurden Schlußfolgerungen erwogen, die den Gegenstand der im Juni 1980 zwischen den Leitern der HA XIX/3 und der Abt. XIX Potsdam geplanten Grundsatzberatung zum Abschluß des OV "Fotograf" bilden.
Im Detail wird vorgeschlagen, den OV "Fotograf" aus operativen Erwägungen zeitweilig einzustellen. Unabhängig davon werden zu den OV-Personen Franz und Wollny spezifische Maßnahmen (Einlage in Speicher HA VI/AGV, Einreisefahndung) weiter aufrechterhalten, um bei möglichen erneuten Einreiseaktivitäten kurzfristig weitere op. Maßnahmen einleiten zu können.
Die Begründung zum Abschluß des OV liegt eindeutig darin, daß die Hauptverdächtigen seit 1978 bzw. seit 1979 keinerlei Reiseaktivitäten in die DDR unternommen haben und auch 1980 nach bisherigen inoffiziellen Informationen daran festhalten werden. Verbindungen vom IM "Hermann Otto" der BV Suhl zur Person Franz, die operativ zum Herausbrechen des Franz genutzt werden sollten, wurden durch Franz völlig eingestellt.

Die Situation ist so, daß derzeitig aufgrund der Verhaltensweisen der OV Personen keinerlei Möglichkeiten des Herausbrechens einer OV Person bzw. der Weiterbearbeitung des OV bestehen.

Als Abschlußart wird die Zersetzung der Gruppe vorgeschlagen und damit ein Beitrag zur Sicherung des Verkehrswesens der DDR geleistet, indem die bisherigen Aktivitäten der OV Personen wirksam eingeschränkt werden.
Weiterhin ist eine Dokumentation über die in der OPK- und OV-Bearbeitung gesammelten Erkenntnissen und Erfahrungen zu erarbeiten.
In dieser Dokumentation wird der Nachweis sichtbar gemacht, wie alle Vorgangspersonen durch ihre spezifischen Handlungs- und Verhaltensweisen sowie der Mittel und Methoden durch die Sicherheitsorgane in ihrer Reise- und Bewegungstätigkeit auf dem Gebiet der DDR nur äußerst schwer kontrollierbar, unter dem möglichen Deckmantel Eisenbahnhobby, Aufträge der imp. Geheimdienste und anderer feindl. Zentren und Kräfte erfüllen können.

Diese Dokumentation soll dazu beitragen, die Bearbeitung gleichgelagerter Materialien anderer Diensteinheiten (II, IX, VI, XIX innerhalb des MfS) zu unterstützen und eine Grundlage für intensive Abwehrmaßnahmen bilden. Von besonderer Bedeutung sind dabei Probleme der rechtlichen Seite des Eisenbahnhobbys, der Reiseanalyse und der angewandten Methodik sowie Probleme der vertraglichen Seite des Einreiseverkehrs.

Zur Erreichung eines weiteren gesellschaftlichen Nutzens der Bearbeitung des OV "Fotograf" entsprechend der RI/76 ist in Zusammenarbeit mit der HA XIX und der Inspektion des Ministers für Verkehrswesen der Einfluß auszuüben und zu erreichen, daß durch rechtlich präzise Festlegungen eine Anweisung zur Problematik Hobbyeisenbahner erarbeitet wird. Inhaltlich sollte

einen Schlußstrich zu ziehen und die Akte zu schließen, wollte man offenbar bis zum Schluß „die Fäden in der Hand behalten“. Der OV sollte »durch die Zersetzung der Gruppe« geschlossen werden. Damit wäre nicht nur die Akte geschlossen worden und hätte abgelegt werden können, nein, damit hätte die Staatssicherheit auch einen »Beitrag zur Sicherung des Verkehrswesens der DDR« geleistet… Im übrigen wären wir um ein Haar zu „Helden der Eisenbahnfreundschaft“ geworden – wenn nämlich die Verantwortlichen tatsächlich getan hätten, was Bartel vorschlug:

»Inhaltlich sollte erreicht werden, daß Hobbyfreunde aus dem NSW grundsätzlich eine Genehmigung zum Fotografieren durch die entsprechende Pressestelle der BRD (meint er RBD? d. A.) und dann nur für einen bestimmten RBD-Bereich erhalten können.«

Das wäre es doch gewesen! Tausende von Eisenbahnfreunden hätten es uns gedankt, die DDR hätte Devisen in Hülle und Fülle verdient – doch leider wurde diese gute Absicht nie konsequent umgesetzt!

BStU
000362

3

erreicht werden, daß Hobbyfreunde aus dem NSW grundsätzlich eine Genehmigung zum Fotografieren durch die entsprechende Pressestelle der BRD und dann nur für einen bestimmten RBD-Bereich nach vorheriger Anmeldung erhalten können. Durch eine straffe Durchsetzung dieser Genehmigungspflicht könnte ein entsprechender ökonomischer Nutzuen (Valuta) für die DDR erzielt werden, desweiteren könnten die Zielorte der NSW-Bürger direkt bestimmt und durch die Sicherheitsorgane unter Kontrolle gehalten werden.
Für die Organe der Transportpolizei wird die Möglichkeit und rechtliche Grundlage geschaffen, einheitlich entsprechend der Anweisung und der damit zu verknüpfenden Sanktionen für Fehlverhalten zu reagieren.
Das Erreichen einer Änderung der Satzung des D utschen Modelleisenbahnerverbandes hinsichtlich der Durchführung sogenannter Hobbyfahrten in Zusammenarbeit mit dem Reisebüro der DDR zur Eingrenzung der Möglichkeiten der Ausnutzung des Eisenbahnhobbys mit evtl. nachrichtendienstlicher Tätigkeit sollte gleichlaufend über die HA XIX und die Inspektion geprüft un d durchgesetzt werden.

Die vorgeschlagenen vorbeugenden Maßnahmen sind von operativer Notwendigkeit und von hoher Bedeutung zur Zurückdrängung und Einschränkung sowie besonders der Kontrollierbarkeit der Handlungsweisen dieser Hobbyeisenbahner aus dem NSW.

B a r t e l
Hauptmann

Aus allen Äußerungen wird klar, daß die Stasi auf der Stelle trat und das Ganze zu einem möglichst guten Ende bringen wollte. Entsprechend mager fiel auch die Bilanz aus, die in einer abschließenden Notiz festgehalten wurde. Danach kam man zu dem Ergebnis, daß

- *»sich im Bearbeitungsprozeß die Personen Franz, Schlipf und Wollny als Hauptverdächtige herauskristallisierten,*
- *der vorgenannte Personenkreis im Rahmen der Ausübung seines Eisenbahnhobbys unter diesem Aspekt an M-Objekten angefallen ist und Möglichkeiten der Erarbeitung von Spionageinformationen bestanden.*
- *beim Nachgehen dieses Hobbys auf dem Territorium der DDR Mittel und Methoden angewandt wurden, die Kontrollmaßnahmen der Sicherheitsorgane der DDR weitgehend erschwerten, ihre Aktivitäten und Bewegungen aber generell den rechtlichen Bestimmungen der DDR entsprachen.*
- *bei der Durchführung von offensiven Maßnahmen des MfS und der Zollverwaltung der DDR ein sofortiger Abbruch der Einreisetätigkeit vorgenommen wurde, der gegenwärtig noch besteht.«*

Angestrebte Erwartungsbeobachtungen an spionagegefährdeten Objekten waren gleichfalls nicht realisierbar.

Und dafür war nun jahrelang mit unendlichem Aufwand ermittelt worden. Zwar schlossen die Ermittler aus dem Verhalten des Autors sowie des Hobbykollegen Franz, daß sich dahinter möglicherweise »eine oder mehrere feindliche Agenturen befinden könnten«. Doch mußten sie im gleichen Atemzug eingestehen, »daß direkte Beweise einer Feindtätigkeit in der Vorgangsbearbeitung nicht erarbeitet werden« konnten.

Da nun seit einem Jahr keine Einreisen mehr bei uns zu verzeichnen waren, wurde von Bartel vorgeschlagen, den OV »Fotograf« mit der »Realisierung vorbeugender politisch-operativer Maßnahmen zum Abschluß zu bringen«. Diese Maßnahmen sind exakt die von Bartel im Aktenvermerk vom 22. Mai 1980 vorgeschlagenen »rechtlichen Festlegungen«, die das Fotografieren von Eisenbahnen grundsätzlich gestatten sollten. Der damit verbundene »gesellschaftliche Nutzen« ist unschwer zu erkennen: die DDR hätte damit harte D-Mark eingenommen.

Mit dem Datum 23. Juni 1980 ist in der Akte ein handschriftlich verfaßtes Schriftstück abgelegt. Darin steht, daß der Leiter der HA XIX/III und der Leiter der Abt. XIX Potsdam eine Absprache getroffen haben. Es wurde beschlossen, daß die am 22. Mai 1980 vorgeschlagenen Maßnahmen sanktioniert werden und im IV. Quartal 1980 zum Abschluß gebracht werden. Die Unterschrift ist als die von Hauptmann Bartel zu identifizieren.

Doch auch diese Notiz ist noch nicht das Ende – dem letzten Schriftstück folgte noch ein allerletztes, datiert vom 21. Oktober 1980: Mit diesem Beschluß fand die 1975 eingeleitete Verfolgung von 6 Eisenbahnfreunden ordnungs- und vereinbarungsgemäß im »IV. Quartal« ein Ende. Fünf Aktenordner mit insgesamt 1230 Blatt waren gefüllt worden, unzählige Stunden mit Absprachen, Grundsatzberatungen, Anschleusungen und dergleichen mehr zugebracht worden, um letztlich zu einem mehr als dürftigen Ergebnis zu kommen:

Der direkte Nachweis einer Feindtätigkeit, entspr. § 97 StGB, kann (...) nicht erbracht werden.

MfS / BV / Verw. Potsdam

Diensteinheit XIX

Mitarbeiter Hptm. Bartel

Potsdam, den 14. 10. 1980

BStU
000466

Beschluß

über die Archivierung des umseitig genannten Vorganges

Gründe des Abschlusses bzw. der Einstellung:

Der OV "Fotograf" wird aufgrund mangelnder Reiseinitiativen der erfaßten DV-Personen seit 1979 mit vorbeugenden politisch-operativen Maßnahmen abgeschlossen.
Der direkte Nachweis einer Feindtätigkeit, entspr. § 97 StGB, kann unter Beachtung vorgenannter Aussage nicht erbracht werden.
Der OV ist gesperrt abzulegen.

KOPIE

Bei Abschluß bzw. Einstellung eines Operativen Vorganges ausfüllen:

Statistische Zusammenfassung des Ergebnisses der Bearbeitung der im Vorgang erfaßten Personen in Übereinstimmung mit dem Personenindex Form 2 und den Angaben im Abschlußbericht.

Anzahl der im Vorgang erfaßten Personen 6

Davon:

In Ermittlungsverfahren mit Haft erfaßt		Personen
In Ermittlungsverfahren ohne Haft erfaßt		"
In Ermittlungsverfahren (Fahndung) erfaßt		"
Geworben		"
Vorbeugende, erzieherische u. a. operative Maßnahmen	6	"
Übergabe der Bearbeitung an andere Organe		"
Keine Möglichkeit der Weiterbearbeitung		"
Geringfügigkeit		"
Krankheit/Tod		"
Nichtbestätigung des Verdachts		"

BStU

Der Vorgang ist – gesperrt – ~~[illegible]~~ – abzulegen
Nichtzutreffendes streichen

Der Vorgang besteht aus 5 Akten mit 1230 Blatt

Hptm. Bartel
Mitarbeiter *

Major Glaser
Leiter der Diensteinheit *

Bestätigt am: 21. 10. 1980 vom

Unterschrift *

25. 11. 80

Bemerkung: * Zusätzlich Name und Dienstgrad mit Maschine bzw. Druckschrift angeben.

Zum Abschluß noch einmal ein Bild von 01 118. Rabenschwarz quillt der Rauch aus dem Schornstein, als der Zug am 16. August 1980 Gera verläßt.
Foto: Burkhard Wollny

Es erübrigt sich jeder Kommentar.
Erst im Dezember 1997 erfuhr ich, daß damals gegen mich ein zweijähriges Einreiseverbot verhängt worden war. Aber offenbar war das selbst den Organen nicht bekannt, denn im August 1980 konnte ich zwei Tage lang von Berlin aus ungehindert nach Saalfeld reisen und die letzten Altbau-01 fotografieren. Weder von diesem Ausflug noch von weiteren Exkursionen im Jahre 1982 ist in der Akte irgendetwas zu finden.
Im Dezember 1984 hatte die Stasi schließlich kapituliert. Über einen von mir bei einer Freundin in Aue gestellten Einreiseantrag fertigte Oberstleutnant Glaser in Potsdam am 13. Dezember 1984 eine Notiz, in der er in groben Zügen meine Vergangenheit wiedergab. Diese Notiz wurde an die Bezirksverwaltung für Staatssicherheit in Karl-Marx-Stadt, Kreisdienststelle Aue, geschickt.
Der dortige Oberleutnant Tost legte den Vorgang auf Wiedervorlage. Und dort ruhte er bis zum 16. Oktober 1985. Nach einer Absprache mit einem Genossen Steyer fand er dann schließlich doch noch Eingang in die Akte. Er trägt den Vermerk: »Keine Bearbeitung«.

»Letzte Warnung«

Ein Grenzübertritt mit Hindernissen

Von Karsten Risch

Die Brücke über das Bahnhofsgelände in Saalfeld. Sie spielt in diesem Kapitel eine wichtige Rolle. Interessant sind die verschiedenen Stadien des Verschwindenlassens der Kameras: der linke Fotograf hat seine Kamera nach getaner Aufnahme schnell im mitgebrachten Brotbeutel verschwinden lassen. Der zweite daneben ist gerade mit dem Aufmachen seines Beutels geschäftigt, während der dritte seine Kamera noch in der Hand hält. Der vierte wiederum schaut unauffällig auf das Bahngelände und der fünfte und letzte fotografiert unverdrossen weiter, denn er ahnt nicht, daß in Kürze die Volkspolizei für eine leere Brücke sorgen wird.
Foto: Karsten Risch

Freitag, der 22. Mai 1981. Hermann Kuom und ich hatten uns eine Woche frei genommen und wollten diese dazu nutzen, quer durch Deutschland eine Eisenbahntour zu unternehmen. Geplant war, die E 69 zwischen Murnau und Oberammergau auf den Film zu bannen. Außerdem ließ sich dieser Ausflug wunderbar mit E 44-Fotos in Garmisch-Partenkirchen verbinden.

Damit wir nicht in den freitagtypischen Berliner Reiseverkehr auf der Transitautobahn Berlin–Hirschberg gerieten, fuhren wir üblicherweise immer schon donnerstags bis Hof, übernachteten dort und nutzten am Freitag die Gelegenheit, einige Fotos bei der DR zu schießen. Diese Praxis hatte sich besonders für die Reisen in den Thüringer Wald und das Erzgebirge rund um Aue bewährt und wurde viele Male durchgeführt. Anreisen am Donnerstag, Einreisen am Freitag und Samstag, Rückreise am Sonntag.

Übernachtet wurde jedesmal in Berg beim Schemmelwirt. Beim »Schemmel« waren wir gut aufgehoben, er hatte sich an unsere Eigenarten gewöhnt und pünktlich morgens um vier hing unsere Wegzehrung an der Türklinke. Und es ist auch wirklich gewöhnungsbedürftig, wenn spät abends eine Truppe von locker gekleideten jungen Männern anrückt, zwar mit wenig Gepäck, aber mit um so mehr Fotoapparaten, und morgens um halb fünf hektisch das Haus verläßt, um dann erst wieder spät abends verschwitzt und schmutzig wieder zurückzukehren.

Nun, beim Schemmel stießen wir auf Verständnis und so dauerten die Abende meist lange: Beim Bier bis spät in die Nacht wurden alle Stories ausgetauscht und von den bestandenen Abenteuern und besten Schüssen erzählt.

So war es also auch am Freitag, dem 22. Mai 1981. Es war die x-te Einreise in die DDR, Ziel war Saalfeld, der Grund wie immer »Tourist« zum Zwecke der Eisenbahnfotografie. An der Grenze mußten wir endlos warten, dann folgten die üblichen Fragen nach Waffen, Munition, Funk, Tonträgern, Zeitschriften. Auch der Masse der Fotoapparate mit den vielen Filmen, Objektiven und Zubehör. galt das Interesse der Grenzorgane.

»Wir wollen 01er, 41er, 44er, 95er, 65er fotografieren«, war unsere Antwort. Und wir fügten hinzu, daß dies auch erlaubt sei, denn der »Modelleisenbahner«, die Modellbahnzeitschrift der DDR, veranstalte regelmäßig Sonderfahrten, bei denen auch die Eisenbahn überall fotografiert werden darf.

Dann gaben wir die verlangte Zollerklärung ab, erledigten den Zwangsumtausch (25,00 DM/Mann) und reisten ein. Wir schaffen es sogar noch bis 9:00 Uhr nach Saalfeld auf die legendäre Brücke.

Dort angekommen, wurde erst einmal durch eine Überfahrt über die Brücke »die Lage sondiert«. Eine Vielzahl von Eisenbahnfotografen aus der DDR und Holland besuchten diese Brücke, die die Bahnhofausfahrt in Richtung Norden (Gera, Saaletal und Ilmenau) überspannt. Man hatte (und hat noch heute) von dort einen wunderbaren Fotostandpunkt für die ausfahrenden Züge.

Mein Auto, diesmal der Ascona B-SC 926, wurde östlich der Brücke, abseits des Autoverkehrs, auf der dem Bahnhof abgewandten Seite an einer großen Kreuzung geparkt. Die Fotoapparate wurden auf die mitgeführten »Schienen« gebaut, alles in große Einkaufstaschen verstaut und dann ging es zu Fuß Richtung Brücke.

Kurz nachdem wir die ersten Fotos geschossen hatten, befuhr ein Wartburg der Volkspolizei auffällig langsam die Brücke. Plötzlich waren alle um uns befindlichen anderen Eisenbahnfreunde verschwunden, so daß auch wir uns schnellstens davon machten. Wir gingen allerdings nicht direkt zum Auto, vielmehr marschierten wir durch zahllose Nebenstraßen, ehe wir uns dem Wagen näherten. Einige hundert Meter vor unserem Fahrzeug wurden die Fotoapparate auf alle Taschen verteilt. Hermann Kuom blieb bei den Taschen und hielt sich zurückhaltend in einer Grünanlage auf. Ich machte mich ohne Fototechnik auf den Weg zu meinem Fahrzeug. Am Auto wartete die VP.

Mit unschuldig höflichem Gesichtsausdruck ging ich zu den wartenden Volkspolizisten hin. Nach freundlichen Begrüßungsworten kam die obligatorische Aufforderung zur Übergabe der Personaldokumente. Die Fragen nach dem Grund meines Aufenthalts waren selbstverständlich. Ich antwortete auf alle Fragen zur Zufriedenheit der Polizisten – nur: ich parkte falsch. In der Tat, wenn man es sehr genau nahm, stand mein Auto tatsächlich im Kreuzungsbereich zweier Straßen und hatte nicht die vorgeschriebene Entfernung zu Ecke. Wie gesagt: man mußte es sehr genau nehmen. Wer die Straßen und Gehwege in der DDR kennt, wird wissen, daß es manchmal sehr schwer war, die Straße selbst zu identifizieren. Nun denn, ein Polizist pflegt es sehr genau zu nehmen und auch diese machten davon keine Ausnahme. Ein Bußgeld war fällig. Die zu zahlende Summe überstieg allerdings mein Budget an Mark der DDR aus dem Zwangsumtausch, so daß ich die Zahlung in DM anbot. Doch auch das scheiterte, denn der Volkspolizist konnte den 100-DM-Schein nicht wechseln (das war verständlich).

Ich erhielt also einen Zahlungsbescheid, den ich innerhalb von soundsoviel Wochen zu begleichen hatte. Dann durfte ich fahren. Nachdem ich Hermann Kuom samt Gepäck eingeladen hatte, beschlossen

Allen Widrigkeiten zum Trotz reiste Karsten Risch auch nach dem 22. Mai 1981 in die DDR – die Anziehungskraft der Dampfloks war stärker. Ein Jahr nach der im Text geschilderten Begebenheit gelang ihm dieses Foto einer 52-Doppeltraktion bei Kamenz.
Foto: Karsten Risch

wir, den Rest des Tages nicht in Saalfeld und Umgebung zu verbringen, sondern Fotos von der Baureihe 95 im Thüringer Wald zu machen. Dort waren die Bahnbediensteten an Eisenbahnfreunde gewöhnt. Und wirklich hatten wir dort dann auch Ruhe und schöne Stunden.

Die Bezahlung der Verkehrswidrigkeit machte übrigens später in Berlin noch einige Umstände, da die Staatsbank der DDR für derartige Einzahlungen nur DM – Westgeld – akzeptierte. Die durch vielfache Einreisen angesparten Mark der DDR auf den berühmten Sonderkonten wurden nicht akzeptiert, da es sich um Geld aus dem Zwangsumtausch handelte. Zu anderen Gelegenheiten wurde allerdings die Gleichwertigkeit der beiden Zahlungsmittel betont – wie es eben paßte.

Nach lauten Beschwerden in der Staatsbank und dem Hinweis, ich sei schließlich selbst schuld, habe ich die Strafe schließlich bei der Bundesbank an der Bismarckstraße in DM bezahlt. Hätte ich in Saalfeld genug DDR-Mark dabei gehabt, wäre die Sache schnell und preiswert erledigt gewesen und mein angespartes »Geld« gut verwendet worden.

Wir hatten einen schönen Tag, gute Fotos gemacht und das Ereignis am Morgen eigentlich schon vergessen, als wir uns am späten Abend auf die Heimfahrt nach Berg machten. Die Kameras und Filme lagen im Auto verstreut mitten in Kleidern und Picknickresten. Kurz vor der Grenzübergangsstelle Hirschberg wurde alles sortiert und die Zollpapiere ausgefüllt. Die Dämmerung setzte langsam ein und wir waren von den angenehmen Anstrengungen der Lokverfolgung gezeichnet. Kurz gesagt, wir wollten nach Hause und mit mehreren Glas Bier den Tag ausklingen lassen. Der Tag hatte gut geendet ... – denkste !

Die Grenzbeamten an der Vorkontrolle waren sehr freundlich. Entgegen den unzähligen vorherigen Einreisen baten sie uns überraschend, sofort rechts aus der Warteschlange auszuscheren und einem Leutnant zu folgen. Dieser lief vor unserem Auto her, er führte uns schnurstracks in eine Garage, die wir bislang nur von außen wahrgenommen hatten. Er öffnete uns die großen Tore der Garageneinfahrt und bat uns höflich hinein. Dann verließ er uns wieder – allerdings schloß er zuvor die Tore.

Wir waren alleine. Nun überkam uns ein komisches Gefühl – was hatten wir falsch gemacht, wo waren wir beobachtet, angezeigt oder sonstwie verfolgt worden? Wir waren ausgestiegen und unterhielten uns über Belanglosigkeiten, weil wir annahmen, daß wir abgehört wurden.

Nach kurzer Zeit erschien ein Hauptmann mit zwei weiteren Uniformträgern. Höflich bat man uns um Auskunft über den Zweck und den Aufenthaltsort am heutigen Tag. Die Personalpapiere und Visa, die wir bei der Vorkontrolle bereits abgeben mußten, hielt er in der Hand. Höflich und zurückhaltend gaben wir Auskunft. Wir gaben an, in Saalfeld und dann an der Strecke einige Eisenbahnfotos von Dampflokomotiven zu privaten Hobbyzwecken gemacht zu haben. Wir zeigten die Rechnung der Verkehrspolizei aus Saalfeld und unsere Fotoapparate.

Der Hauptmann erklärte uns nun, daß das Fotografieren von Bahnanlagen verboten sei und wir uns unrechtmäßig auf Bahngelände aufgehalten und verbotene Fotografien angefertigt hätten. Er bestand auf die Herausgabe sämtlicher belichteter Filme.

Die Diskussion über »erlaubt und nicht verboten« der Eisenbahnfotografie in der DDR hatten wir schon hundert Mal geführt, diesmal mußten wir erstmalig die Filme abgeben. Das gefiel uns natürlich nicht und wir diskutierten heftiger.

Leider war es eine einseitige Diskussion. Wir wurden aufgefordert, alle Fotoapparate, Filme usw., sowie alle anderen losen Gegenstände aus dem Auto zu nehmen und auf einen großen Tisch, der sich in der hinteren Ecke der Garage befand, zu legen. Allein gelassen fingen wir an, wortlos die Sachen auszupacken. Die belichteten Filme hatte der Hauptmann, sortiert nach Kuom und Risch, mitgenommen. Nach längerer Zeit, wir waren fertig geworden – wobei man staunt, was sich so alles im Auto befindet –, kamen die zwei Begleiter des Hauptmannes wieder.

Die beiden durchsuchten das Auto, öffneten alle Fächer und ich mußte die Seiten- und Tankverkleidung im Kofferraum abnehmen. Der Motorraum wurde durchsucht, sogar der Luftfilterdeckel wurde abgenommen, der Tank mittels Stab ausgemetert und der Unterboden mittels Spiegel abgetastet. Indessen erschien der Hauptmann wieder und betrachtete die Gegenstände auf dem Tisch. Es entspann sich der übliche Dialog über Anzahl der Kameras und Filme. Nach seiner Auskunft durften für jede Kamera nur 2 Filme mitgenommen werden und zu touristischen Zwecken eigentlich nur eine Kamera. Eine ähnliche Diskussion hatten wir außer an der innerdeutschen auch schon an der österreichisch/deutschen Grenze gehabt – damals hatten die vielen mitgeführten Kameras zur Verweigerung des Grenzübertritts geführt.

Da wir beide mit Mittelformatkameras arbeiteten, erklärten wir, daß jeder Film nur 12 Aufnahmen besitze und nicht wie beim Kleinbild 36 Aufnahmen. Die vielen Kameras benötigten wir, um schwarz/weiße, Farbfotos und Dias zu machen. Da die Lok nur einmal und sehr schnell an einem schönen Fotostandpunkt vorbeifahre, müssten alle Kameras gleichzeitig ausgelöst werden. (Dies hatte die abenteuerlichsten Konstruktionen zu Folge, wir hatten 3 Rolleiflex-Kameras mit normaler Brennweite auf einer Schiene mit zentralem Auslöser montiert und eine zweite »Schiene« mit zwei Pentagon Six Kameras mit langen Brennweiten bestückt. Diese wurden nun nacheinander ausgelöst, nach Vorbeifahrt des Zuges eingepackt und zügig zur nächsten Fotostelle transportiert, wo sich der Vorgang wiederholte. Schön war es, den Zug jedesmal zu überholen, was aber Ortskenntnis und Wissen über die Fahrplanlage voraussetzte).

Für die Fahrpläne hatten wir die aktuellen Kursbücher und selbst erstellte grafische Fahrpläne mit. In den Kursbüchern waren die dampfbespannten Züge markiert.

Das alles wurde dem Hauptmann erläutert, was zur Folge hatte, daß er nach den Filmen nun auch mit den Kursbüchern und Notizen verschwand. Die beiden andern Organe überließen uns die Garage, so daß wir wieder allein waren.

Da wir, wie gesagt, davon ausgingen, daß wir in der Garage abgehört und auch beobachtet wurden, unterhielten wir uns über Gott und die Welt – nur nicht auffallen hieß die Devise. Am liebsten hätten wir natürlich über unsere Situation geredet. Die Zeit verging überhaupt nicht, in der

Die GÜST Hirschberg – Über drei Stunden wurden wir am 22. Mai 1981 hier festgehalten, ehe wir »letztmals gewarnt« ausreisen durften.
Das Bild entstand neun Jahre danach am 30. Juni 1990. Am Abend des Aufnahmetages feierten Grenzer aus Ost und West ein gemeinsames Grillfest. Gleichzeitig verabschiedete sich auch die Mark der DDR.
Foto: Joachim Schmidt

Aufregung hatten wir auch nicht auf die Uhr gesehen und wußten somit nicht, wieviel Zeit nach dem Weggang des Hauptmannes schon vergangen war. Als er endlich wiederkam, waren schon drei Stunden ab Erreichen des Grenzkontrollpunktes vergangen.
Zu unserer Freude wurden uns die Papiere und die Filme ausgehändigt – jedem von uns die richtigen – und wir durften ausreisen! Allerdings bekamen wir zuvor deutlich gesagt, daß an dem Verbot der Eisenbahnfotografie festgehalten werde. Diesmal sei es als letzte Ausnahme anzusehen, daß man uns nicht die Filme abnehme, das nächste Mal würden sich die Grenzorgane der DDR nicht so großzügig zeigen. Wir haben uns gefreut, alles eingepackt und sind weit nach Mitternacht erst beim »Schemmel« eingetroffen.
Wir sind nie wieder über Hirschberg eingereist. Die nächsten Einreisen bis 1989 wurden immer von Berlin aus durchgeführt, auch wenn der Anreiseweg länger war. Hätten wir damals unsere Stasiakten bereits gekannt, wären wir wohl gar nicht mehr in die DDR eingereist.

Ein Nachmittag in Karl-Marx-Stadt

Die Stasi und die Straßenbahn

Von Wolfgang Schumacher

Kurz nach dieser Aufnahme am 25. Februar 1982 beendete die »Firma« die Fototour: Triebwagen 336 (Bautzen/AEG 1929) mit einem Beiwagen auf der Bergfahrt über die Kaßberg-Brücke. Die einzigartige 925 mm-Straßenbahn in Karl-Marx-Stadt führte bei den Fans aus dem »nichtsozialistischen« Ausland ein Schattendasein. Die Linie 8 wurde kurze Zeit später eingestellt, die Stasi dann knapp acht Jahre später! Wer heute durch Chemnitz fährt, wird kaum glauben, daß noch in den achtziger Jahren solche Trams durch die Stadt schaukelten und man beim Zücken eines fotografischen Geräts Gefahr lief, der Spionage bezichtigt zu werden.
Foto: Wolfgang Schumacher

Weststraße
8

»Kams« im Februar 1982. In dieser DDR-Industriestadt schaukeln die ältesten Straßenbahnen Deutschlands noch tagtäglich durch die Stadt. Doch wie heißt »Kams« tatsächlich? Hinter dieser Lautschrift verbirgt sich die Abkürzung vieler Sachsen für »Karl-Marx-Stadt«.

Nach dem Zweiten Weltkrieg vertraten die kommunistischen Machthaber die Auffassung, daß durch die verordnete Umbenennung des historischen Namens die Erinnerung an die alten Zeiten zumindest im ehemaligen Chemnitz ausgelöscht werden könnten. Und schließlich brauchte die Leitfigur der Bewegung eine entsprechende Würdigung.

Der Name Chemnitz ging, die Straßenbahn mit der in Deutschland einmaligen Spurweite von 925 mm blieb. Zwar wurde bereits 1956 beschlossen, die Tram auf Regelspur umzuspuren. Doch das zog sich hin und so fuhren 1982 immer noch zwei Linien mit uralten Originalfahrzeugen.

Im Dampfparadies DDR führte die »Kamser« Schmalspurtram bei den Fans aus dem »nichtsozialistischen« Ausland allerdings ein Schattendasein. 1982 hatten sich die Reihen der Dampfloks jedoch schon stark gelichtet, Dampfpausen häuften sich. Mein Mitstreiter Joachim Schmidt nutzte diese dampffreien Zeiten zu Besuchen bei Freunden oder zum Einkauf von ORWO-Fotopapier, das qualitativ allen Westprodukten haushoch überlegen war.

Eine solche Einkaufspause lag bei einer gemeinsamen Tour am 25. Februar 1982 an. Vormittags gab es viel Güterzugdampf rund um Nossen, dann ging es nach »Kams«. Joachim Schmidt ließ mich an der Zentralhaltestelle raus – ich wollte die alte »Strampe« nochmal richtig ablichten. Als erste Fotostelle wurde die Kaßberg-Brücke angesteuert. Dort fuhr damals noch die als nächste zur Einstellung vorgesehene Rumpflinie 8 Weststraße–Zentralhaltestelle. Die ersten Wagen konnten ohne Probleme abgelichtet werden. Dann jedoch näherte sich eine eher unsympatische Figur in konspirativer Weise.

»Bist Du aus dem Westen?« Angesichts meiner beiden gut sichtbaren Pentax-Kameras eine äußerst verdächtige Frage, die natürlich wahrheitsgemäß beantwortet wurde. Es folgte ein penetranter Überredungsversuch, schwarz Ost- gegen Westmark zu tauschen. Auf sowas hatte ich mich allerdings nie eingelassen und so wurde dieses Ansinnen trotz des angebotenen Traumkurses von 20:1 abgelehnt. Die beliebte Methode des MfS, verdächtige Personen zu einer faktischen Straftat zu provozieren, schlug in meinem Fall also fehl. Dabei ärgerte mich natürlich, daß an Fotografieren während der Diskussion nicht zu denken war.

Schließlich gab sich die konspirative Person per Ausweis als Stasi-Offizier zu erkennen: »Sie sind verhaftet«. Die Handschellen folgten auf dem Fuße und ich wurde abgeführt. Weit zu laufen brauchten wir nicht, denn das Stasi-Hauptquartier befand sich kurz hinter der Kaßberg-Brücke. Das anschließende Verhör lief in einem Stil ab, den ich bis dato nur aus Filmen mit Gestapo-Mitwirkung kannte: Raum ohne Fenster, Lampe so aufgestellt, daß der Delinquent das Gegenüber kaum erkennt und über allem der Staatsboß an der Wand – in diesem Fall natürlich der allseits präsente »Erich«. Der Vorwurf: Spionage gegen die DDR, denn das Fotografieren des Staatssicherheitsgebäudes erfülle bereits diesen Tatbestand.

Nun hatte ich aber nur die Tram abgelichtet. Ich wies daraufhin, daß das Fotografieren von Straßenbahnen doch erlaubt sei und ich schließlich nicht wissen könne, daß in irgendwelchen Gebäuden an der Linie 8 das Stasihauptquartier sei. Die Verwirrung war jetzt groß, man zog sich kurz zurück. Nach fünf Minuten hieß es dann, ich hätte sowjetische Militärfahrzeuge fotografiert.

Vehement verneinte ich solche Absichten. Nach vierstündigem Verhör einigten wir uns schließlich darauf, daß der beschlagnahmte Film nach der sofort eingeleiteten Entwicklung das Beweismittel sein sollte. Nach weiteren zwei Stunden stürmte ein Stasimann schließlich mit den Filmstreifen in den Verhörraum. In der Tat waren dort ausschließlich die alten Straßenbahnen zu sehen. Kopfschütteln, hektische Diskussionen und dann der kurze und knappe Hinweis: »Sie können gehen«.

Die Herren waren offenbar so verwirrt über einen tatsächlichen Straßenbahnfan aus dem kapitalistischen Ausland, daß sie sogar meiner Forderung nach Herausgabe des entwickelten Films nachkamen.

Es war inzwischen 23 Uhr, »Kams« glich um diese Zeit immer einer Geisterstadt und mein Chauffeur Joachim Schmidt war natürlich längst wieder bei unseren Freunden in Wiesenburg bei Zwickau.

Die Taxifahrer am Karl-Marx-Städter Hauptbahnhof weigerten sich zunächst hartnäckig, mich nach Wiesenburg zu fahren. Das war einfach zu weit und an hohen Einnahmen waren diese Mitarbeiter des VEB Kraftverkehr schlicht nicht interessiert.

Schließlich konnte ich einen Droschkenfahrer überzeugen – allerdings nur mit Hilfe eines West-Zwanzigers. Das war natürlich illegal und hätte mich direkt wieder in die Stasizentrale spülen können. Doch der Taxifahrer gehörte offenbar nicht zur »Firma«.

Die ist jetzt längst aufgelöst – wie die alte 925 mm-Tram, deren letzte Linie nach Rottluff noch vor der Wende verschwand. Knapp 100 Lenze hatte sie erreicht, das Experiment »Karl-Marx-Stadt« wurde nicht einmal halb so alt.

Alte Häuserzeilen, Pflasterstraßen, romantische Laternen an den Gehwegen und natürlich stilvolle Fahrzeuge aus den zwanziger Jahren machten den eigenartigen Reiz der alten Karl-Marx-Städter (Chemnitzer) Straßenbahn aus. Zu DDR-Zeiten war der Straßenverkehr natürlich auch noch ziemlich spärlich und so kam das Flair vergangener Zeiten an diesem regnerischen Februartag besonders zur Geltung. Auf der Linie 3 fuhren wie üblich Dreiwagenzüge. Tw 328 zieht zwei Beiwagen durch die Wilhelm-Pieck-Straße in Richtung Rottluff. Man achte auf die Beleuchtung der damals über 50 Jahre alten Trams mit Oberlichtern. Die beiden Fotos dieses Kapitels zeichnen sich gegenüber allen anderen in diesem Buch durch eines aus: der Film wurde von der Stasi entwickelt!
Foto: Wolfgang Schumacher

»Wo ist der Major geblieben?«

Spurensuche 1998

Zwanzig Jahre liegen zwischen den geschilderten Ereignissen und dem Erscheinen dieses Buches. Die Reichsbahn, die Stasi und die DDR sind Geschichte, aber nicht alles, was wir damals gesehen haben, ist verschwunden. Die Schmalspurbahn von Cranzahl nach Oberwiesenthal zum Beispiel dampft noch immer zum Fichtelberg, so wie sie es am 28. Februar 1976 auch schon tat. Das Bild entstand in Hammerunterwiesenthal.
Foto: Burkhard Wollny

Die Fotografen bei der »Arbeit« sollen der Leserschaft nicht vorenthalten werden. Wolfram Müller und ich warten konspirativ in einem Waldversteck. »Eisiges« Schweigen wird in Kürze von einem herannahendem Zug unterbrochen werden. Foto: Karsten Risch

Das Manuskript zu diesem Buch entstand im Laufe des Jahres 1998, also beinahe ein Vierteljahrhundert nach jenem 27. Juli 1975, an dem ich erstmals in die DDR eingereist war und damit gewissermaßen »den Stein ins Rollen gebracht« hatte. Je länger ich die Akten studierte, je weiter ich mit dem Manuskript vorankam, desto mehr begann ich mich, für die Gesichter hinter den Namen zu interessieren. All die Majore, Oberstleutnante, Referatsleiter und dergleichen waren mir namentlich bekannt. Aber welche Menschen verbargen sich hinter den phrasendreschenden Kadern. Es mußte doch möglich sein, trotz der langen Zeit wenigstens den einen oder anderen von ihnen ausfindig zu machen.
Diese selbstgestellte Aufgabe reizte mich bald derart, daß ich sie nicht lange vor mir herschob und schon bald mit meinen Recherchen begann.

An Ostern 1998 fuhr ich mit zwei Freunden nach Elsterwerda. Wir wollten Paul Wohmann aufsuchen. Zur Erinnerung: er hatte uns seinerzeit am 18.4.1976 (S. 40) in Hohenleipisch bei unserer »konspirativen« Tätigkeit beobachtet, war aber dann »zum Schutze« seiner Person und seiner Frau Gemahlin zügig weitergefahren.
Die uns bekannte Adresse existierte tatsächlich, allerdings fehlte am Klingelknopf der Name. Wir standen zunächst ratlos vor der Haustür, bis uns eine vorbeikommende Frau Hilfe anbot. Auf unsere Fragen erklärte sie, daß Wohmann ca. 7 Jahre zuvor in seinem Schrebergarten beim Blumengießen einen Herzinfarkt erlitten hatte und daraufhin gestorben war. Seine Frau folgte ihm nach 4 Jahren.
So blieb uns nur noch der seinerzeit in die Angelegenheit involvierte Volkspolizist Bielagk, der noch immer dort wohnte. Mutig klingelte ich. Am Ostersonntagmorgen, so gegen 10 Uhr, öffnete B. die Haustür und blickte verwundert auf die drei Gestalten. Ich fragte ihn, wo denn W. wohne, ich müßte ihn in einer alten Angelegenheit sprechen. Mit sehr merkwürdigem Gesichtsausdruck erklärte er, daß W. vor sieben Jahren verstorben sei. Wir bedauerten dies und gingen von dannen. Währenddessen sahen wir, wie sich in der Wohnung B. die Fenstervorhänge heftig bewegten. Schade, wir hätten mit Wohmann gerne ein paar Worte gesprochen.
Ähnlich erfolglos war ich im nächsten Fall. Am 25. 4. 1977 waren wir in Blankenfelde, Glasower Damm, von Fritz Pohl dabei beobachtet worden, wie wir mit schwerem Fotogerät an seinem Haus vorbeigingen. Das Haus war noch da, der Name allerdings stand nicht mehr am Klingelbrett. Ein anderer Hausbewohner, den ich ansprach, wohnte angeblich seit 1961 dort, kannte jedoch keinen Fritz Pohl. Also wieder Fehlanzeige.

Während ich es bei Wohmann und Pohl bei diesem Ergebnis beließ, hatte ich jedoch fest vor, einen anderen unbedingt »aufzudecken«, nämlich den uns über einige Jahre hinweg verfolgenden Major Ansorge aus Potsdam.
Der erste Schritt war wie immer der Blick ins örtliche Adressbuch. Doch dort war nur eine weibliche Person des Namens Ansorge bekannt. Diese suchten wir noch am gleichen Tag in Potsdam auf.
Sie sagte uns, daß sie einen Klaus Ansorge kenne, das sei ihr ehemaliger Schwiegervater. Da sie von dessen Sohn geschieden sei, habe sie keine Verbindung mehr zu ihm. Er sei früher bei der Polizei tätig gewesen und wohne »dort hinten beim Supermarkt«. Näheres sei ihr nicht bekannt.
Na, das war immerhin ein erster Anhaltspunkt. Wir sind nach diesem Gespräch ausgeschwärmt und haben an dem Supermarkt alle Klingelbretter abgesucht. Doch leider waren unsere Anstrengungen ohne Erfolg. Ich beschloß daraufhin, die Recherchen im Sommerurlaub 1998 fortzusetzen.
In der Zwischenzeit versuchte ich, von Stuttgart aus die Enttarnung der laut Akte auf mich angesetzten IM's voranzutreiben. Dank der Mithilfe verschiedener Bekannter in Stuttgart wie auch in den neuen Bundesländern gelang es mir, den IM »Kleinbahn« zu identifizieren. Den IM »Hermann Otto« wollte ich im Juli 1998 direkt aufsuchen. Als der Sommer dann da war, stellte sich die von mir verdächtigte Person als ein sehr gastfreundlicher, älterer Herr heraus. Er lebt in Crock in Thüringen. Wir unterhielten uns über alte Zeiten, über die Eisenbahnfreunde, die damals dort übernachteten und von Crock aus Richtung Sonneberg zur 95er pilgerten.
Nach meiner Meinung war dies nicht der gesuchte IM. Weder ich noch meine Freun-

de konnten sich an den Ort Crock auch nur im entferntesten erinnern. Aber wer soll es dann sein? Ein weiteres Rätsel also, das aber sicher noch geklärt wird.
Im Vorfeld des heiß ersehnten – hier mit doppelter Bedeutung – Sommer-Urlaubes, der am 16. Juli 1998 begann, hatte ich zielstrebig Adressen erforscht. Ich wollte in diesen Tagen die Recherchen so weit als möglich zum Abschluß bringen.
Zunächst erschien mir der in der Akte erwähnte Oberstleutnant Spors von der Rangordnung her als besonders wichtig. Hinzu kam, daß ich einen solchen in Potsdam ausfindig gemacht hatte. Gleich am ersten Urlaubstag fuhr ich morgens an die mir bekannte Adresse in Potsdam. Mit Stasi-Akte und Buchmanuskript »bewaffnet«, so dachte ich, könne ich den Oberstleutnant gut von der Notwendigkeit eines Gespräches überzeugen.
Auf mein Klingeln wurde nicht geöffnet. Eine Hausbewohnerin ließ mich ins Hochhaus ein. Im 8. Stock erfuhr ich von einem weiteren Nachbarn, daß die Spors auf ihrem Gartengrundstück seien, die Frau jedoch in der Hauptapotheke in Potsdam arbeiten würde. Auf diese neue Spur gesetzt, eilte ich zur Apotheke. Fast schon erwartungsgemäß traf ich keine Frau Spors an. Immerhin erfuhr ich, daß sie gegen 13 Uhr zum Dienst erscheine. Natürlich war ich zu diesem Zeitpunkt da. Verwundert schaute sie mich an, erklärte dann, daß ihr Mann wohl mal beim Militär gearbeitet habe. Am nächsten Tag früh um neun könne ich mal vorbeikommen. Sollte ich endlich einmal erfolgreich sein? Zufrieden verließ ich die Apotheke, in der Annahme, ihn gefunden zu haben.
Am anderen Morgen fuhr ich zu dem genannten Gartengrundstück in der Nähe von Potsdam. Spors stand schon an der Straße und wartete auf mich. Freundlich lächelnd kam er auf mich zu und stellte

Im Oktober 1975 wurde in Eibenstock ein »Happening« abgehalten. Während Karsten Risch liegenderweise die obligatorische Pfütze als Vordergrund nimmt, versucht Dieter Schlipf, aus dem Hinterhalt einige Fotos zu machen. Sabine Risch lächelt dem Fotografen, der leider unbekannt ist, zu, und Hermann Kuom unterhält sich mit dem Lokpersonal. Ich selbst kniee vor einem in den Vordergrund geschobenen Leiterwagen. Das Objekt der Begierde heißt 94 2105.

sich vor. Ich fragte ihn sofort, ob er der sei, den ich suche. Doch leider war auch diese vermeintlich heiße Spur ein »Holzweg«. Er war lediglich Unterleutnant gewesen und schied also aus. Wir saßen dann bei Kaffee und Plätzchen bei schönstem Wetter im Garten und diskutierten über Aktien und deren sprunghaften Kursverlauf. Da ich diesem Gewerbe im Hauptberuf nachgehe, konnte ich mich für seine Freundlichkeit erkenntlich zeigen. Zum Abschluß unserer Plauderei gab er mir noch den Rat mit auf den Weg, mich in Potsdam doch einmal bei der Bundeswehr zu erkundigen. Die hätte noch alte Akten.
Das tat ich dann, doch erfuhr ich dort, daß an Privatpersonen keine Auskünfte gegeben würden. Ich müsse nach Strausberg in das Hauptkommando. Dort sei aber um 14 Uhr Dienstschluß. Also auf nach Strausberg. Kurz vor Torschluß erreichte ich die Kaserne. Es gelang mir, den Diensthabenden an der Pforte von meinem Anliegen zu überzeugen und so lief ich bald, mit einem Laufzettel ausgerüstet, eine Viertelstunde lang durch die riesigen, gut erhaltenen Anlagen aus der Vorkriegszeit. Im zuständigen Personalbüro bedurfte es dann einer gewissen Überzeugungskunst, um drei verschiedene Spors ausfindig zu machen.
Alle drei hatten eines gemeinsam: Sie wohnten ganz weit weg! »Mein« Spors mußte aber in der Nähe wohnen, also mußte ich einmal mehr eingestehen: Fehlanzeige!
Am selben Abend war ich bei einem guten Freund in Dahlem zum Abendessen eingeladen. Dieser klärte mich darüber auf, daß ich auf der falschen Fährte sei. Die Mitar-

beiter der Stasi seien alle dem Innenministerium unterstellt gewesen und nicht dem der Verteidigung.
Was nun? Es blieb nur noch die Gauck-Behörde – doch deren Mühlen mahlen langsam. Verständlich, wenn man an die Fülle des dort zu verwaltenden Materiales denkt. Wenn schon ein harmloser Dampflok-Fotograf 1230 Aktenblätter benötigt, was mag da erst über DDR-Regimekritiker niedergelegt sein…?
Schließlich wollte ich dann noch das Einwohnermeldeamt besuchen. Nachdem ich mit Spors wenig Glück hatte – ich rief spontan 10 Personen gleichen Namens vergeblich an –, blieb nur noch Ansorge übrig.
Ich ging davon aus, daß der ex-Major noch in Potsdam wohnen mußte. Dies wurde mir dann endlich im Einwohnermeldeamt bestätigt. Die Anschrift in der Hand, stürmte ich durch Potsdam zu der angegebenen Adresse. Wie nicht anders erwartet, öffnete niemand auf mein Klingeln. Ich ging zum Auto zurück und beobachtete das Haus. Ungefähr 10 Minuten später verließ ein Ehepaar im gesuchten Alter das Haus. Das mußte er doch sein! Beide waren mit Einkaufsbeuteln bestückt. Ich folgte unauffällig auf der anderen Straßenseite. Nach fünf Minuten verschwanden beide in einem Supermarkt. Ich nahm an, daß sie in Kürze wieder zurückkehrten. Nach 10 Minuten erschien er. Ich wartete direkt an der Haustür auf ihn. Als er etwa einen Meter von mir entfernt vorbeiging, sprach ich ihn an: »Guten Tag, ist denn Herr Ansorge nicht da, er meldet sich nicht?!«
Antwort: »Der ist wohl in seinem Schrebergarten draußen in Michendorf.«
Also wieder Fehlanzeige.
Den Schrebergarten fand ich nicht, doch nahm ich an, daß Herr Ansorge nach der Sommerpause wieder nach Potsdam zurückkehren würde, möglicherweise auch schon früher, wenn das Wetter schlecht wurde.
Am 24. August 1988 rief ich ihn an.
»Ansorje« meldete er sich in reinstem Berlinerisch.
Ich fragte ihn, ob er Hauptmann gewesen sei. Nach einer kurzen Pause antwortete er:
»Nein.«
Nächste Frage:
»Kennen Sie Oberstleutnant Spors?«
Es dauerte vier Sekunden, ehe die Antwort kam:
»Nein!«
Das mußte er doch sein! Er sagte nein, nein! Hatte ich etwas falsch gemacht? Es gibt nur diesen einen Ansorge, er mußte es einfach sein. Aber Stasi-Majore müssen offenbar noch immer verdeckt leben.
Am Abend fuhr ich zu einem Freund, der mittels CD-Rom alle Ansorges für mich heraussuchte. Zahlreiche Telefonate brachten nichts, selbst die Ex-Schwiegertochter war unbekannt verzogen. Sind wirklich alle spurlos verschwunden!?
Und die IM's? Sind auch sie mit der DDR Geschichte geworden? Klare Antwort: Nein!
Früher standen sie bei Sonderfahrten, wie am 18. 2. 1978, unauffällig mit der Kamera neben uns und haben uns in Gespräche verwickelt. Heute fotografieren sie als »ex-IM's« noch immer Dampfloks. So sind beispielsweise einige mir bekannte Personen, die früher in der DDR wirkten, heute in Süddeutschland gut untergebracht. Bei der Gauck-Behörde gibt es Listen über die IM's, und auf Antrag werden die Namen der gewünschten IM dem Antragsteller mitgeteilt. Der Antrag wurde gestellt! Auch folgt noch eine weitere Akteneinsicht eines Freundes.
Doch zurück zu Major Ansorge: Mitte November 1998 erhielt ich einen Brief von der Gauck-Behörde mit der Mitteilung über den letzten Wohnort der Offiziere Ansorge und Spors. In der Zwischenzeit hatte auch das Fernsehen von der Akte und dem Buchprojekt erfahren und dafür Interesse gezeigt. Verständlicherweise interessierten sich die Fernsehleute ebenfalls für die Personen, die dieses seltsame Stück deutscher Literatur zu verantworten hatten.
Ich wollte nun endlich Spors und Ansorge kennenlernen. Spors war nach der Wende von Potsdam nach Kleinmachnow gezogen. Ich fuhr dorthin, doch fand ich ihn nicht mehr. Er war im Alter von 68 Jahren vier Jahre zuvor gestorben.
Es blieb noch einer: Major Ansorge. Am 10. Dezember 1998 stand ich vor der von der Gauck-Behörde genannten Haustür. Tatsächlich, auf dem Klingelbrett stand der Name. Nun war ich doch sehr nervös und angespannt. Ich klingelte und ging dann die Treppe hinauf. Auf dem Treppenabsatz stand er. Der erste Eindruck, den ich von ihm gewann, bestätigte irgendwie meine Vorstellungen, die ich mir von ihm gemacht hatte. Kühl wirkte er und forsch. So ähnlich wie er mußte Boris Jelzin in jüngeren Jahren ausgesehen haben.
Ich stellte mich vor, daraufhin bat er mich in sein Wohnzimmer. Das erstaunte mich, und ich nutzte die Gelegenheit und stellte ihm eine Menge Fragen. Seine Antworten freilich waren lakonischer Natur:
»…da kann ich mich nicht erinnern!«,»… ich weiß es nicht!«, oder»…wenn Sie meinen!«.
Es dauerte ein paar Minuten, dann taute er doch ein bißchen auf. Es sei ihm ja gar nichts anderes übrig geblieben, er habe schließlich die ihm angetragenen Aufgaben erfüllen müssen.
Sehr viel mehr Zeit widmete er der Schilderung seines Lebens nach der Wende. Voller Verbitterung berichtete er, daß der Betrieb, bei dem er nach 1989 gearbeitet hatte, in Konkurs gegangen war. Seither

sei er arbeitslos und lebe vom Arbeitslosengeld. Aus dem einstigen Offizier war ein gebrochener Mann geworden, dem ich zum Abschied alles Gute wünschte.
Nicht zuletzt dieses Erlebnis rückte für mich die ganze Stasi-Aktion »Fotograf« in ein neues Licht. Das ganze kam mir schließlich vor wie eine ins Unendliche aufgeblähte Arbeitsbeschaffungsmaßnahme – zufällig war ich mitten in sie hineingeraten …
Die Stasi gibt es nicht mehr, ihre damaligen Führungskräfte sind tot oder leben von Sozial- oder Arbeitslosenhilfe. Ebenso wie sie ist der Staat, dessen Sicherheit zu wahren ihre Aufgabe hätte sein sollen, verschwunden. Und mit dem Staat selbst ist schließlich auch das, was uns seinerzeit über die Grenze trieb, Geschichte geworden: die Deutsche Reichsbahn und ihre Dampflokomotiven. Selbst wenn die Spors und Ansorges heute noch aktiv wären – uns bräuchten sie nicht mehr verfolgen, denn wir würden der heutigen Bahn längst nicht diese Aufmerksamkeit widmen, wie wir es damals mit Erfolg und der Staatssicherheit zum Trotz getan haben.
Zum Schluß will ich noch meinen Helfern danken: Karsten Risch, Hermann Kuom, Thomas Splittgerber und Dr. Volker Taenzer aus Berlin. Korrektur gelesen haben meine Eltern, Familie Bresch und Petra Maier. Für manchen Rat und Mithilfe bin ich Jürgen Schneider dankbar. Die Adressennachforschung übernahm Toni Dobbertin. Künstlerischen Beistand gab Gi Neuert. Den Fotografen auf der Titelseite fotografierte Sohn Robert und den »Agenten« auf Seite 8 Doby.
Über die häufigsten der von der Staatssicherheit verwendeten Abkürzungen hat die Gauck-Behörde ein Abkürzungsverzeichnis herausgegeben, das gegen eine geringe Schutzgebühr dort bezogen werden kann.
Liebe Leser, ich meine, daß das Buch auf eine sehr anschauliche Weise aufzeigt, welch abenteuerliches Unterfangen das an sich doch harmlose Fotografieren alter Loks in der ehemaligen DDR darstellte und mit welch im Nachhinein fast kurios erscheinender und unverhältnismäßig aufwendiger Weise die Staatssicherheit hier maßnahmebegleitend war. Ich hoffe, hierdurch Ihnen genug Anregung zum Nachdenken darüber vermittelt zu haben, inwieweit ideologische Gedankengebäude den Alltag einer Gesellschaft beeinflussen können.

Ende gut, alles gut? Eine Saalfelder 01.5 strebt mit ihrem Eilzug in den Tag hinein. Mit diesem Bild vom Februar 1976 wollen wir uns von der »Geheimsache Reichsbahndampf« verabschieden. Foto: Burkhard Wollny

Wir schreiben über mehr als Dampf!

Spannende Abenteuer mit der Eisenbahn, computergesteuerte Modellbahn-Tests, originelle Werkstatt-Tips, einmalige Fotos, Geschichten von Menschen und Maschinen – bei uns finden Sie alles, was Modell und Vorbild an Faszination bieten.

Überzeugen Sie sich selbst!
Wir schicken Ihnen gern ein kostenloses Probeheft zum Schnuppern.

Also gleich anfordern – per Postkarte, per Fax oder telefonisch.

MODELLEISENBAHNER
Pietsch + Scholten Verlag
Postfach 103743, D-70032 Stuttgart
Olgastraße 86, D-70180 Stuttgart
Telefon (0711) 2108075
Fax (0711) 2360415 oder 2108074